초등 수학의 █████!!

신기한 연산왕

B-3 초2 수준

KMA
한국수학학력평가

수학 학력 평가의 새로운 기준!

현직 교수, 박사급 출제위원!

빅데이터 평가분석!

1:1 KMA 평가 전문 상담!

평가 일시 : 매년 상반기 6월, 하반기 11월 실시

참가 대상	초등 1학년 ~ 중등 3학년
	(상급학년 응시가능)
신청 방법	1) KMA 홈페이지에서 온라인 접수
	2) 해당지역 KMA 학원 접수처
	3) 기타 문의 ☎ 070-4861-4832
홈페이지	www.kma-e.com

※ 상세한 내용은 홈페이지에서 확인해 주세요.

주 최 | 한국수학학력평가 연구원　　　주 관 | ㈜에듀왕

KMA 대비서

초등 수학의 기본은 연산력!!

초등수학

연산왕

B-3 초2 수준

구성과 특징

1 천, 몇천 알아보기(1)

천 알아보기
(1) 100이 10개이면 1000입니다.
1000은 천이라고 읽습니다.
(2) 1000은
999보다 1 큰 수, 990보다 10 큰 수,
900보다 100 큰 수, 800보다 200 큰 수 입니다.

몇천 알아보기
• 1000이 2개이면 2000입니다. 2000은 이천이라고 읽습니다.
• 1000이 3개이면 3000입니다. 3000은 삼천이라고 읽습니다.

1000을 알아보려고 합니다. □ 안에 알맞은 수를 써넣으세요. (1~9)

1 999보다 ☐ 큰 수   2 995보다 ☐ 큰 수

3 990보다 ☐ 큰 수   4 950보다 ☐ 큰 수

5 900보다 ☐ 큰 수   6 800보다 ☐ 큰 수

7 990 991 ☐ 993 994 ☐ 996 997 998 999 ☐

8 900 910 920 930 ☐ 950 960 ☐ 980 990 ☐

9 100 200 300 400 ☐ 600 700 ☐ 900 ☐

원리+익힘

연산의 원리를 쉽게 이해하고 빠르고 정확한
계산 능력을 얻을 수 있도록 구성하였습니다.

신기한 연산

연산 능력과 창의사고력 향상이 동시에 이루
어질 수 있는 문제로 구성하여 계산 능력과
창의사고력이 저절로 향상될 수 있도록 구성
하였습니다.

6 신기한 연산

4장의 숫자 카드를 모두 사용하여 네 자리 수를 만들 때 □ 안에 알맞은 수를 써넣으세요. (1~5)

1 1 2 3 4
가장 큰 수: ☐   두 번째 큰 수: ☐
가장 작은 수: ☐   두 번째 작은 수: ☐

2 2 5 4 9
가장 큰 수: ☐   두 번째 큰 수: ☐
가장 작은 수: ☐   두 번째 작은 수: ☐

3 3 6 5 8
가장 큰 수: ☐   두 번째 큰 수: ☐
가장 작은 수: ☐   두 번째 작은 수: ☐

4 0 3 5 7
가장 큰 수: ☐   두 번째 큰 수: ☐
가장 작은 수: ☐   두 번째 작은 수: ☐

5 0 8 4 6
가장 큰 수: ☐   두 번째 큰 수: ☐
가장 작은 수: ☐   두 번째 작은 수: ☐

확인 평가

□ 안에 알맞은 수나 말을 써넣으세요. (1~8)

1 1000은 999보다 ☐ 큰 수, 990보다 ☐ 큰 수, 900보다 ☐
큰 수입니다.

2 100이 10개이면 ☐ 이라 쓰고 ☐ 이라고 읽습니다.

3 1000이 2개이면 ☐ 이고 ☐ 이라고 읽습니다.

4 1000이 7개이면 ☐ 이고 ☐ 이라고 읽습니다.

5 1000이 8개   6   1000이 ☐ 개
100이 9개   100이 ☐ 개
10이 3개 이면 ☐   5207은 10이 ☐ 개
1이 5개   1이 ☐ 개

7 1000이 6개   8   1000이 ☐ 개
100이 9개   100이 ☐ 개
10이 0개 이면 ☐   4580은 10이 ☐ 개
1이 4개   1이 ☐ 개

확인평가

단원을 마무리하면서 익힌 내용을 평가하여
자신의 실력을 알아볼 수 있도록 구성하였습
니다.

크라운 온라인 단원 평가는?

크라운 온라인 평가는?

단원별 학습한 내용을 올바르게 학습하였는지 실시간 점검할 수 있는 온라인 평가입니다.

- 온라인 평가는 매단원별 25문제로 출제 되었습니다.
- 평가 시간은 30분이며 시험 시간이 지나면 문제를 풀 수 없습니다.
- 온라인 평가를 통해 100점을 받으시면 크라운 1개를 획득할 수 있습니다.

온라인 평가 방법

에듀왕닷컴 접속 www.eduwang.com	메인 상단 메뉴에서 단원평가 클릭	단계 및 단원 선택
신규 회원 가입 또는 로그인	닷컴 메인 메뉴에서 단원 평가 클릭	평가하고자 하는 단계와 단원을 선택

크라운 확인	온라인 단원 평가 종료	온라인 단원 평가 실시
마이페이지에서 크라운 확인 후 크라운 사용	종료 후 실시간 평가 결과 확인	30분 동안 평가 실시

유의사항

- 평가 시작 전 종이와 연필을 준비하시고 인터넷 및 와이파이 신호를 꼭 확인하시기 바랍니다.
- 단원평가는 최초 1회에 한하여 크라운이 반영됩니다. (중복 평가 시 크라운 미 반영)
- 각 단원 평가를 통해 100점을 받으시면 크라운 1개를 드리며, 획득하신 크라운으로 에듀왕닷컴에서 판매하고 있는 교재 및 서비스를 무료로 구매 하실 수 있습니다. (크라운 1개 – 1,000원)

연산왕 단계별 학습 내용

A-1
(초1 수준)

1. 9까지의 수
2. 9까지의 수를 모으고 가르기
3. 덧셈과 뺄셈

A-2
(초1 수준)

1. 19까지의 수
2. 50까지의 수
3. 50까지의 수의 덧셈과 뺄셈

A-3
(초1 수준)

1. 100까지의 수
2. 덧셈
3. 뺄셈

A-4
(초1 수준)

1. 두 자리 수의 혼합 계산
2. 두 수의 덧셈과 뺄셈
3. 세 수의 덧셈과 뺄셈

B-1
(초2 수준)

1. 세 자리 수
2. 받아올림이 한 번 있는 덧셈
3. 받아올림이 두 번 있는 덧셈

B-2
(초2 수준)

1. 받아내림이 한 번 있는 뺄셈
2. 받아내림이 두 번 있는 뺄셈
3. 덧셈과 뺄셈의 관계

B-3
(초2 수준)

1. 네 자리 수
2. 세 자리 수와 두 자리 수의 덧셈과 뺄셈
3. 세 수의 계산

B-4
(초2 수준)

1. 곱셈구구
2. 길이의 계산
3. 시각과 시간

차례

1

네 자리 수

1 천, 몇천 알아보기 (1)

⭐ 천 알아보기

(1) 100이 10개이면 1000입니다.
1000은 천이라고 읽습니다.

(2) 1000은

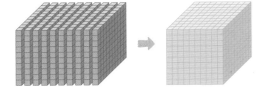

> 999보다 1 큰 수, 990보다 10 큰 수,
> 900보다 100 큰 수, 800보다 200 큰 수

입니다.

⭐ 몇천 알아보기

· 1000이 2개이면 2000입니다. 2000은 이천이라고 읽습니다.
· 1000이 3개이면 3000입니다. 3000은 삼천이라고 읽습니다.

⏰ 1000을 알아보려고 합니다. ☐ 안에 알맞은 수를 써넣으세요. (1~9)

1 999보다 ☐ 큰 수

2 995보다 ☐ 큰 수

3 990보다 ☐ 큰 수

4 950보다 ☐ 큰 수

5 900보다 ☐ 큰 수

6 800보다 ☐ 큰 수

7
990 991 ☐ 993 994 ☐ 996 997 998 999 ☐

8
900 910 920 930 ☐ 950 960 ☐ 980 990 ☐

9
100 200 300 400 ☐ 600 700 ☐ 900 ☐

⏰ ☐ 안에 알맞은 수나 말을 써넣으세요. (10 ~ 17)

10

900보다 ☐ 큰 수는 1000입니다.

11

800보다 ☐ 큰 수는 1000입니다.

12 100이 10개이면 ☐ 이라 쓰고 ☐ 이라고 읽습니다.

13 1000은 700보다 ☐ 큰 수입니다.

14 1000은 600보다 ☐ 큰 수입니다.

15 1000은 500보다 ☐ 큰 수입니다.

16 1000은 ☐ 보다 20 큰 수입니다.

17 1000은 ☐ 보다 5 큰 수입니다.

1 천, 몇천 알아보기 (2)

⏰ □ 안에 알맞은 수를 써넣으세요. (1~8)

1

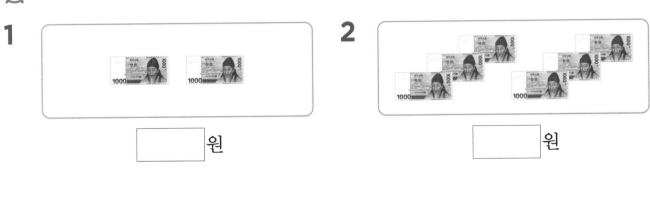

□ 원

2

□ 원

3

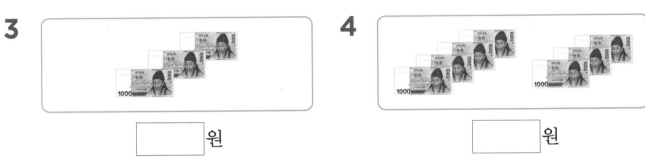

□ 원

4

□ 원

5

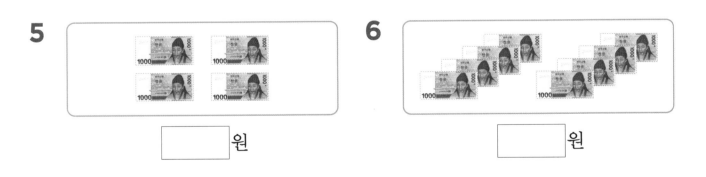

□ 원

6

□ 원

7

□ 원

8

□ 원

🕐 ☐ 안에 알맞은 수나 말을 써넣으세요. (9 ~ 16)

9 1000이 2개이면 [ ] 입니다. 2000은 [ ] 이라고 읽습니다.

10 1000이 3개이면 [ ] 입니다. 3000은 [ ] 이라고 읽습니다.

11 1000이 4개이면 [ ] 입니다. 4000은 [ ] 이라고 읽습니다.

12 1000이 5개이면 [ ] 입니다. 5000은 [ ] 이라고 읽습니다.

13 1000이 6개이면 [ ] 입니다. 6000은 [ ] 이라고 읽습니다.

14 1000이 7개이면 [ ] 입니다. 7000은 [ ] 이라고 읽습니다.

15 1000이 8개이면 [ ] 입니다. 8000은 [ ] 이라고 읽습니다.

16 1000이 9개이면 [ ] 입니다. 9000은 [ ] 이라고 읽습니다.

2 네 자리 수 알아보기(1)

> ✿ 네 자리 수 알아보기
>
> 1000이 2개, 100이 5개, 10이 4개, 1이 8개이면 2548이라 쓰고
> 이천오백사십팔이라고 읽습니다.
>
> 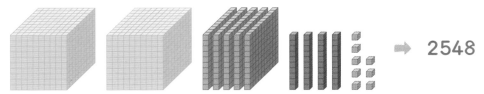 ➡ 2548
>
> 참고 • 자리의 숫자가 0이면 숫자와 자릿값을 읽지 않습니다.
> 예 4075 ➡ 사천칠십오
> • 자리의 숫자가 1인 경우에는 일천, 일백, 일십으로 읽지 않고 천, 백, 십으로 읽습니다.
> 예 5193 ➡ 오천백구십삼

🕐 □ 안에 알맞은 수를 써넣으세요. (1~4)

1
1000이 5개
100이 8개
10이 3개
1이 2개
이면 □

2
3268은
1000이 □ 개
100이 □ 개
10이 □ 개
1이 □ 개

3
1000이 8개
100이 4개
10이 0개
1이 3개
이면 □

4
4809는
1000이 □ 개
100이 □ 개
10이 □ 개
1이 □ 개

⏰ □ 안에 알맞은 수를 써넣으세요. (5 ~ 13)

5 1000이 3개, 100이 4개, 10이 5개, 1이 2개이면 □ 라 씁니다.

6
1000이 2개
100이 8개
10이 7개
1이 5개
이면 □

7
1000이 8개
100이 4개
10이 3개
1이 9개
이면 □

8
1000이 5개
100이 8개
10이 3개
1이 4개
이면 □

9
1000이 6개
100이 0개
10이 3개
1이 8개
이면 □

10 7842는
1000이 □ 개
100이 □ 개
10이 □ 개
1이 □ 개

11 8936은
1000이 □ 개
100이 □ 개
10이 □ 개
1이 □ 개

12 5390은
1000이 □ 개
100이 □ 개
10이 □ 개
1이 □ 개

13 9086은
1000이 □ 개
100이 □ 개
10이 □ 개
1이 □ 개

2 네 자리 수 알아보기(2)

학습 날짜

월   일

⏰ ☐ 안에 알맞은 수를 쓰고 읽어 보세요. (1~6)

1

천	백	십	일
4	2	5	9

➡ ☐ 는 ☐ 라고
읽습니다.

2

천	백	십	일
6	4	9	2

➡ ☐ 는 ☐ 라고
읽습니다.

3

천	백	십	일
9	3	8	4

➡ ☐ 는 ☐ 라고
읽습니다.

4

천	백	십	일
7	1	3	0

➡ ☐ 은 ☐ 이라고
읽습니다.

5

천	백	십	일
5	7	0	9

➡ ☐ 는 ☐ 라고
읽습니다.

6

천	백	십	일
2	0	8	3

➡ ☐ 은 ☐ 이라고
읽습니다.

⏰ **수로 나타내 보세요. (7 ~ 22)**

7 삼천칠백삼십오 ➡ ☐   **8** 천구백이십사 ➡ ☐

9 사천이백구십칠 ➡ ☐   **10** 오천육백십칠 ➡ ☐

11 칠천팔백오십육 ➡ ☐   **12** 천삼백이십일 ➡ ☐

13 육천사백구 ➡ ☐   **14** 팔천백십육 ➡ ☐

15 천백오십칠 ➡ ☐   **16** 육천이백십오 ➡ ☐

17 오천사십삼 ➡ ☐   **18** 육천칠백삼십 ➡ ☐

19 칠천오백 ➡ ☐   **20** 삼천팔십구 ➡ ☐

21 천오십사 ➡ ☐   **22** 팔천오십 ➡ ☐

3 자릿값 알아보기 (1)

⭐ 네 자리 수 **3284**에서 자릿값 알아보기

천의 자리	백의 자리	십의 자리	일의 자리
3	2	8	4

3	0	0	0	← 천의 자리 숫자 3은 3000
	2	0	0	← 백의 자리 숫자 2는 200
		8	0	← 십의 자리 숫자 8은 80
			4	← 일의 자리 숫자 4는 4를 나타냅니다.

➡ **3284＝3000＋200＋80＋4**

⏰ **2876**이 되도록 수 모형을 놓았습니다. □ 안에 알맞은 수를 써넣으세요. **(1~5)**

천 모형	백 모형	십 모형	일 모형

1 2876에서 숫자 **2**가 나타내는 값은 □ 입니다.

2 2876에서 숫자 **8**이 나타내는 값은 □ 입니다.

3 2876에서 숫자 **7**이 나타내는 값은 □ 입니다.

4 2876에서 숫자 **6**이 나타내는 값은 □ 입니다.

5 2876＝ □ ＋ □ ＋ □ ＋ □

⏰ ☐ 안에 알맞은 수를 써넣으세요. (6 ~ 11)

6 **4528**에서

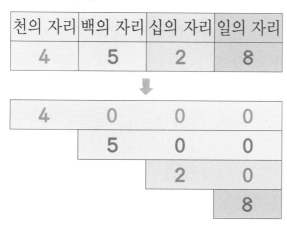

천의 자리 숫자 **4**는 ☐ 을 나타냅니다.

백의 자리 숫자 **5**는 ☐ 을 나타냅니다.

십의 자리 숫자 **2**는 ☐ 을 나타냅니다.

일의 자리 숫자 **8**은 ☐ 을 나타냅니다.

7 **5416**에서

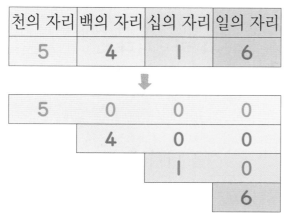

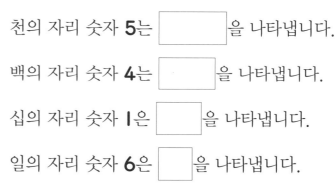

천의 자리 숫자 **5**는 ☐ 을 나타냅니다.

백의 자리 숫자 **4**는 ☐ 을 나타냅니다.

십의 자리 숫자 **1**은 ☐ 을 나타냅니다.

일의 자리 숫자 **6**은 ☐ 을 나타냅니다.

8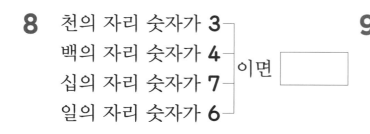
천의 자리 숫자가 **3**
백의 자리 숫자가 **4**
십의 자리 숫자가 **7** ┐이면 ☐
일의 자리 숫자가 **6** ┘

9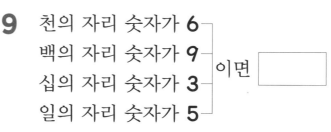
천의 자리 숫자가 **6**
백의 자리 숫자가 **9**
십의 자리 숫자가 **3** ┐이면 ☐
일의 자리 숫자가 **5** ┘

10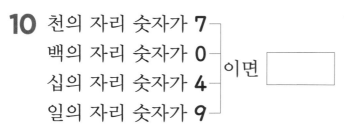
천의 자리 숫자가 **7**
백의 자리 숫자가 **0**
십의 자리 숫자가 **4** ┐이면 ☐
일의 자리 숫자가 **9** ┘

11
천의 자리 숫자가 **4**
백의 자리 숫자가 **6**
십의 자리 숫자가 **9** ┐이면 ☐
일의 자리 숫자가 **0** ┘

3 자릿값 알아보기 (2)

학습 날짜

월   일

⏰ □ 안에 알맞은 수를 써넣으세요. (1~4)

1

3657에서

┌ 천의 자리 숫자 □ 은 □ 을 나타냅니다.

├ 백의 자리 숫자 □ 은 □ 을 나타냅니다.

├ 십의 자리 숫자 □ 는 □ 을 나타냅니다.

└ 일의 자리 숫자 □ 은 □ 을 나타냅니다.

2

8196에서

┌ 천의 자리 숫자 □ 은 □ 을 나타냅니다.

├ 백의 자리 숫자 □ 은 □ 을 나타냅니다.

├ 십의 자리 숫자 □ 는 □ 을 나타냅니다.

└ 일의 자리 숫자 □ 은 □ 을 나타냅니다.

3

6935에서

┌ 천의 자리 숫자 □ 은 □ 을 나타냅니다.

├ 백의 자리 숫자 □ 는 □ 을 나타냅니다.

├ 십의 자리 숫자 □ 은 □ 을 나타냅니다.

└ 일의 자리 숫자 □ 는 □ 를 나타냅니다.

4

7403에서

┌ 천의 자리 숫자 □ 은 □ 을 나타냅니다.

├ 백의 자리 숫자 □ 는 □ 을 나타냅니다.

├ 십의 자리 숫자 □ 은 □ 을 나타냅니다.

└ 일의 자리 숫자 □ 은 □ 을 나타냅니다.

🕐 □ 안에 알맞은 수를 써넣으세요. (5 ~ 9)

5

2534 ➡

천의 자리	백의 자리	십의 자리	일의 자리
2	5	□	□

$2534 = 2000 + \boxed{} + \boxed{} + \boxed{}$

6

5872 ➡

천의 자리	백의 자리	십의 자리	일의 자리
□	□	□	□

$5872 = \boxed{} + \boxed{} + \boxed{} + \boxed{}$

7

4823 ➡

천의 자리	백의 자리	십의 자리	일의 자리
□	□	□	□

$4823 = \boxed{} + \boxed{} + \boxed{} + \boxed{}$

8

6802 ➡

천의 자리	백의 자리	십의 자리	일의 자리
□	□	□	□

$6802 = \boxed{} + \boxed{} + \boxed{} + \boxed{}$

9

7018 ➡

천의 자리	백의 자리	십의 자리	일의 자리
□	□	□	□

$7018 = \boxed{} + \boxed{} + \boxed{} + \boxed{}$

4 뛰어 세기(1)

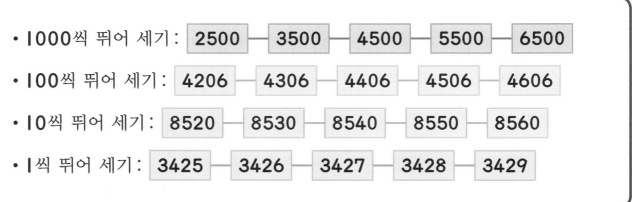

- 1000씩 뛰어 세기: 2500 — 3500 — 4500 — 5500 — 6500
- 100씩 뛰어 세기: 4206 — 4306 — 4406 — 4506 — 4606
- 10씩 뛰어 세기: 8520 — 8530 — 8540 — 8550 — 8560
- 1씩 뛰어 세기: 3425 — 3426 — 3427 — 3428 — 3429

⏰ 1000원짜리, 100원짜리, 10원짜리, 1원짜리가 있습니다. 세어 보고 ☐ 안에 알맞은 수를 써넣으세요. (1~4)

1 1000원짜리를 하나씩 세어 보시오.

1000 — 2000 — 3000 — ☐ — ☐ — ☐

2 1000원짜리를 먼저 세고, 100원짜리를 하나씩 세어 보시오.

6100 — 6200 — 6300 — 6400 — 6500 — ☐
☐ — ☐ — ☐

3 1000원짜리와 100원짜리를 먼저 세고, 10원짜리를 하나씩 세어 보시오.

6910 — 6920 — ☐ — ☐ — ☐

4 1000원짜리, 100원짜리, 10원짜리를 먼저 세고, 1원짜리를 하나씩 세어 보시오.

6951 — 6952 — 6953 — ☐ — ☐ — ☐

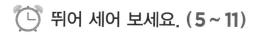
걸린 시간	1~4분	4~6분	6~8분
맞은 개수	10~11개	7~9개	1~6개
평가	참 잘했어요.	잘했어요.	좀더 노력해요.

⏰ 뛰어 세어 보세요. (5 ~ 11)

5 100씩 뛰어 세기

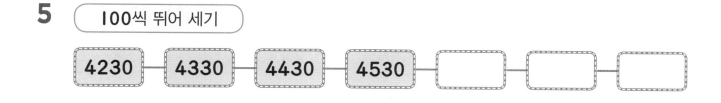

| 4230 | 4330 | 4430 | 4530 | | | |

6 1씩 뛰어 세기

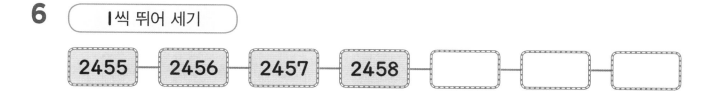

| 2455 | 2456 | 2457 | 2458 | | | |

7 1000씩 뛰어 세기

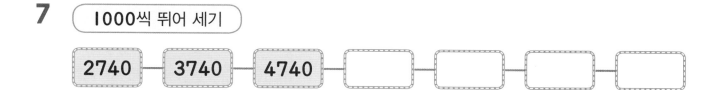

| 2740 | 3740 | 4740 | | | | |

8 10씩 뛰어 세기

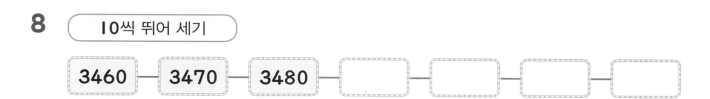

| 3460 | 3470 | 3480 | | | | |

9 50씩 뛰어 세기

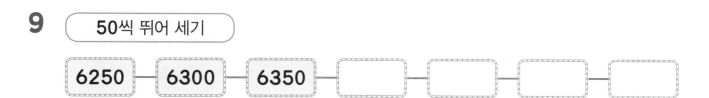

| 6250 | 6300 | 6350 | | | | |

10 5씩 뛰어 세기

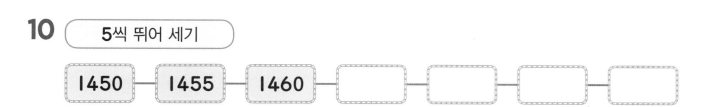

| 1450 | 1455 | 1460 | | | | |

11 2씩 뛰어 세기

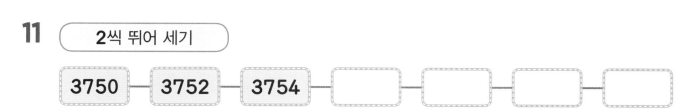

| 3750 | 3752 | 3754 | | | | |

4 뛰어 세기 (2)

학습 날짜

월 일

🕐 몇씩 뛰어 센 것인지 알아보고 ☐ 안에 알맞은 수를 써넣으세요. (1 ~ 12)

1 3527 – 3528 – 3529 – 3530
☐ 씩

2 2532 – 2542 – 2552 – 2562
☐ 씩

3 4328 – 4428 – 4528 – 4628
☐ 씩

4 3647 – 4647 – 5647 – 6647
☐ 씩

5 1532 – 1582 – 1632 – 1682
☐ 씩

6 2477 – 2482 – 2487 – 2492
☐ 씩

7 2445 – 2945 – 3445 – 3945
☐ 씩

8 3214 – 3216 – 3218 – 3220
☐ 씩

9 5712 – 5715 – 5718 – 5721
☐ 씩

10 1324 – 1328 – 1332 – 1336
☐ 씩

11 2520 – 2540 – 2560 – 2580
☐ 씩

12 3225 – 3250 – 3275 – 3300
☐ 씩

계산은 빠르고 정확하게!

걸린 시간	1~5분	5~8분	8~10분
맞은 개수	18~20개	14~17개	1~13개
평가	참 잘했어요.	잘했어요.	좀더 노력해요.

⏰ 규칙에 따라 뛰어 세어 보세요. (13 ~ 20)

13
3425 — 3525 — 3625 — 3725 — ( ) — ( ) — ( )

14
4660 — 4670 — 4680 — 4690 — ( ) — ( ) — ( )

15
3840 — 4840 — 5840 — 6840 — ( ) — ( ) — ( )

16
1674 — 1675 — 1676 — 1677 — ( ) — ( ) — ( )

17
2450 — 2455 — 2460 — 2465 — ( ) — ( ) — ( )

18
1826 — 1828 — 1830 — 1832 — ( ) — ( ) — ( )

19
2424 — 2428 — 2432 — 2436 — ( ) — ( ) — ( )

20
5125 — 5150 — 5175 — 5200 — ( ) — ( ) — ( )

5 두 수의 크기 비교하기(1)

네 자리 수의 크기를 비교할 때에는 천의 자리, 백의 자리, 십의 자리, 일의 자리 숫자를 차례로 비교합니다.

천의 자리	백의 자리	십의 자리	일의 자리
6748<7410	8329>8109	5492>5463	3215<3218
└6<7┘	└3>1┘	└9>6┘	└5<8┘

⏰ 두 수의 크기를 비교하여 ○ 안에 >, <를 알맞게 써넣으세요. (1~3)

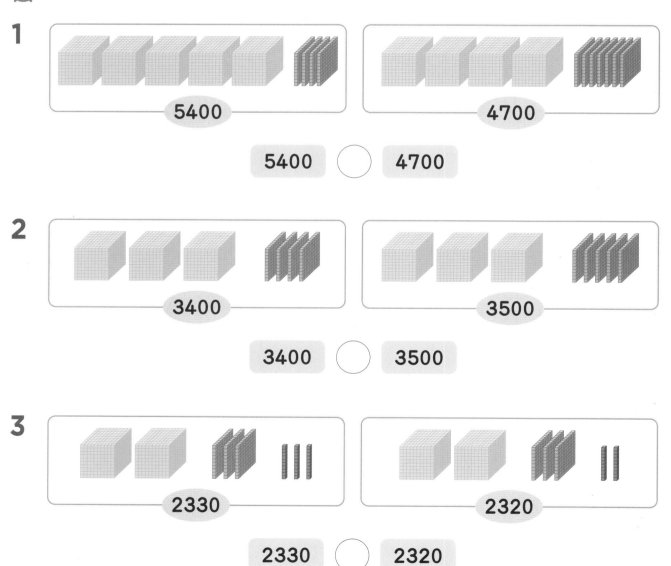

1

5400

4700

5400 ◯ 4700

2

3400

3500

3400 ◯ 3500

3

2330

2320

2330 ◯ 2320

두 수의 크기를 비교하여 ○ 안에 >, <를 알맞게 써넣으세요. **(4 ~ 9)**

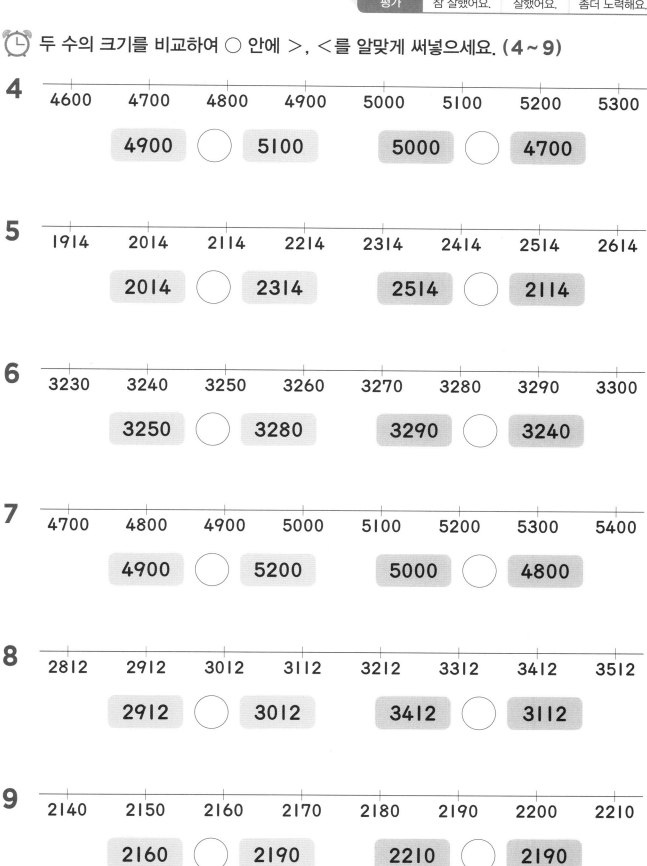

4

| 4600 | 4700 | 4800 | 4900 | 5000 | 5100 | 5200 | 5300 |

4900 ○ 5100   5000 ○ 4700

5

| 1914 | 2014 | 2114 | 2214 | 2314 | 2414 | 2514 | 2614 |

2014 ○ 2314   2514 ○ 2114

6

| 3230 | 3240 | 3250 | 3260 | 3270 | 3280 | 3290 | 3300 |

3250 ○ 3280   3290 ○ 3240

7

| 4700 | 4800 | 4900 | 5000 | 5100 | 5200 | 5300 | 5400 |

4900 ○ 5200   5000 ○ 4800

8

| 2812 | 2912 | 3012 | 3112 | 3212 | 3312 | 3412 | 3512 |

2912 ○ 3012   3412 ○ 3112

9

| 2140 | 2150 | 2160 | 2170 | 2180 | 2190 | 2200 | 2210 |

2160 ○ 2190   2210 ○ 2190

5 두 수의 크기 비교하기 (2)

⏰ 두 수 사이의 관계를 >, <를 써서 나타내 보세요. (1~8)

1 8360은 2798보다 큽니다. ➡ _____

2 3844는 5530보다 작습니다. ➡ _____

3 2478은 2259보다 큽니다. ➡ _____

4 3088은 3100보다 작습니다. ➡ _____

5 3283은 2985보다 큽니다. ➡ _____

6 2532는 2537보다 작습니다. ➡ _____

7 4678은 4447보다 큽니다. ➡ _____

8 6017은 6107보다 작습니다. ➡ _____

🕐 □ 안에 알맞은 수나 말을 써넣으세요. (9 ~ 16)

9 2453 < 2457 ➡ 2453은 2457보다 □.

10 3014 > 2932 ➡ 3014는 2932보다 □.

11 4253 < 5312 ➡ 4253은 5312보다 □.

12 5532 > 5509 ➡ 5532는 5509보다 □.

13 1924 < 2011 ➡ □는 □보다 □.

14 2314 > 2310 ➡ □는 □보다 □.

15 3495 < 3625 ➡ □는 □보다 □.

16 2746 > 2728 ➡ □은 □보다 □.

5 두 수의 크기 비교하기 (3)

🕐 두 수의 크기를 비교하여 ○ 안에 >, <를 알맞게 써넣으세요. (1~16)

1 3895 ◯ 4895

2 1904 ◯ 1899

3 5930 ◯ 7410

4 5829 ◯ 5488

5 3247 ◯ 3249

6 3670 ◯ 3980

7 6462 ◯ 5469

8 6804 ◯ 6813

9 2898 ◯ 2896

10 3807 ◯ 2898

11 6920 ◯ 6470

12 5629 ◯ 5735

13 2897 ◯ 3477

14 2560 ◯ 2650

15 5464 ◯ 5438

16 6703 ◯ 6730

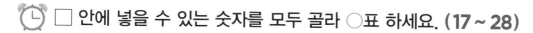
계산은 빠르고 정확하게!

걸린 시간	1~8분	8~10분	10~12분
맞은 개수	26~28개	20~25개	1~19개
평가	참 잘했어요.	잘했어요.	좀더 노력해요.

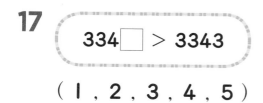 □ 안에 넣을 수 있는 숫자를 모두 골라 ○표 하세요. (17 ~ 28)

17
334□ > 3343
(1 , 2 , 3 , 4 , 5)

18
7095 < 709□
(5 , 6 , 7 , 8 , 9)

19
3324 < 3□28
(1 , 2 , 3 , 4 , 5)

20
25□5 > 2574
(5 , 6 , 7 , 8 , 9)

21
529□ > 5296
(5 , 6 , 7 , 8 , 9)

22
6729 < 6□88
(5 , 6 , 7 , 8 , 9)

23
334□ > 3343
(1 , 2 , 3 , 4 , 5)

24
8095 < 809□
(5 , 6 , 7 , 8 , 9)

25
2325 < 2□23
(1 , 2 , 3 , 4 , 5)

26
35□5 < 3578
(5 , 6 , 7 , 8 , 9)

27
429□ > 4298
(5 , 6 , 7 , 8 , 9)

28
6729 > 6□80
(5 , 6 , 7 , 8 , 9)

6 신기한 연산

⏰ 4장의 수 카드를 모두 사용하여 네 자리 수를 만들 때 □ 안에 알맞은 수를 써넣으세요. (1~5)

1

| 1 | 2 |
| 3 | 4 |

가장 큰 수: ☐   두 번째 큰 수: ☐

가장 작은 수: ☐   두 번째 작은 수: ☐

2

| 2 | 5 |
| 4 | 9 |

가장 큰 수: ☐   두 번째 큰 수: ☐

가장 작은 수: ☐   두 번째 작은 수: ☐

3

| 3 | 6 |
| 5 | 8 |

가장 큰 수: ☐   두 번째 큰 수: ☐

가장 작은 수: ☐   두 번째 작은 수: ☐

4

| 0 | 3 |
| 5 | 7 |

가장 큰 수: ☐   두 번째 큰 수: ☐

가장 작은 수: ☐   두 번째 작은 수: ☐

5

| 0 | 8 |
| 4 | 6 |

가장 큰 수: ☐   두 번째 큰 수: ☐

가장 작은 수: ☐   두 번째 작은 수: ☐

계산은 빠르고 정확하게!

걸린 시간	1~10분	10~15분	15~20분
맞은 개수	5~6개	3~4개	1~2개
평가	참 잘했어요.	잘했어요.	좀더 노력해요.

6 친구와 짝이 되어 수 카드를 이용하여 수 알아맞히기 게임을 하려고 합니다. 이 게임에서 이길 수 있는 방법을 생각해 보세요.

〔준비물〕

0~9까지의 수 카드 1벌

〔게임 방법〕

❶ 두 사람이 함께 게임을 합니다.

❷ 수 카드를 잘 섞어 두 사람 사이에 숫자가 보이지 않도록 뒤집어 놓은 후 각자 수 카드를 4장씩 가져옵니다.

❸ 각자 가져온 수 카드를 상대방에게 보여 준 다음 상대방이 보지 못하게 수 카드를 이용하여 네 자리 수를 만듭니다.

❹ 가위바위보를 하여 이긴 사람부터 번갈아가며 상대방이 만들 수 있는 네 자리 수를 하나씩 부릅니다. 이때 만든 수가 부른 수보다 크면 '높음'이라고 말하고, 작으면 '낮음'이라고 말합니다.

❺ 이와 같은 방법으로 상대방이 만든 네 자리 수를 먼저 알아맞힌 사람이 이깁니다.

확인 평가

🕐 □ 안에 알맞은 수나 말을 써넣으세요. (1~8)

1 1000은 999보다 □ 큰 수, 990보다 □ 큰 수, 900보다 □ 큰 수입니다.

2 100이 10개이면 □ 이라 쓰고 □ 이라고 읽습니다.

3 1000이 2개이면 □ 이고 □ 이라고 읽습니다.

4 1000이 7개이면 □ 이고 □ 이라고 읽습니다.

5 1000이 8개
100이 9개
10이 3개 이면 □
1이 5개

6 5207은
1000이 □ 개
100이 □ 개
10이 □ 개
1이 □ 개

7 1000이 6개
100이 9개
10이 0개 이면 □
1이 4개

8 4580은
1000이 □ 개
100이 □ 개
10이 □ 개
1이 □ 개

⏰ □ 안에 알맞은 수를 써넣으세요. (9 ~ 12)

9

6178에서
- 천의 자리 숫자 □ 은 □ 을 나타냅니다.
- 백의 자리 숫자 □ 은 □ 을 나타냅니다.
- 십의 자리 숫자 □ 은 □ 을 나타냅니다.
- 일의 자리 숫자 □ 은 □ 을 나타냅니다.

10

7324에서
- 천의 자리 숫자 □ 은 □ 을 나타냅니다.
- 백의 자리 숫자 □ 은 □ 을 나타냅니다.
- 십의 자리 숫자 □ 는 □ 을 나타냅니다.
- 일의 자리 숫자 □ 는 □ 를 나타냅니다.

11

2834 ➡

천의 자리	백의 자리	십의 자리	일의 자리
□	□	□	□

2834 = □ + □ + □ + □

12

6719 ➡

천의 자리	백의 자리	십의 자리	일의 자리
□	□	□	□

6719 = □ + □ + □ + □

뛰어 세어 보세요. (13 ~ 16)

13 2431 — 2432 — 2433 — ⬚ — ⬚ — ⬚

14
4152 — 4252 — 4352 — ⬚ — ⬚ — ⬚

15 3823 — 3833 — ⬚ — 3853 — ⬚ — ⬚

16
2347 — 3347 — ⬚ — 5347 — ⬚ — ⬚

두 수의 크기를 비교하여 ○ 안에 >, <를 알맞게 써넣으세요. (17 ~ 24)

17 2438 ○ 2441

18 3527 ○ 3524

19 3056 ○ 3142

20 1436 ○ 1452

21 5887 ○ 4999

22 7403 ○ 7304

23 6319 ○ 6341

24 7594 ○ 8021

2

세 자리 수와 두 자리 수의 덧셈과 뺄셈

1 일의 자리에서 받아올림이 있는 (세 자리수)+(두 자리 수)(1)

⭐ **245＋38의 계산**

(1) 일의 자리의 숫자끼리의 합이 10이거나 10보다 크면 10은 십의 자리로 받아올림하여 십의 자리 위에 작게 1로 나타내고 남은 수는 일의 자리에 씁니다.

(2) 받아올림한 1과 십의 자리의 숫자끼리의 합을 십의 자리에 씁니다.

(3) 백의 자리의 숫자는 그대로 씁니다.

〈세로셈〉

```
    1
  2 4 5
+   3 8
  2 8 3
```

〈가로셈〉

```
    1
2 4 5 + 3 8 = 2 8 3
```

⏰ 계산을 하세요. (1~9)

1
```
  3 2 7
+   4 5
```

2
```
  4 3 6
+   2 7
```

3
```
  5 4 8
+   2 3
```

4
```
  6 1 4
+   2 9
```

5
```
  7 5 5
+   3 7
```

6
```
  8 4 9
+   4 9
```

7
```
    2 5
+ 4 3 8
```

8
```
    4 3
+ 3 2 9
```

9
```
    5 6
+ 5 2 6
```

⏰ 계산을 하세요. (10 ~ 24)

10
```
    2 2 9
+     3 5
```

11
```
    4 4 4
+     3 9
```

12
```
    3 1 7
+     5 6
```

13
```
    4 6 5
+     2 8
```

14
```
    5 2 8
+     4 7
```

15
```
    6 1 6
+     7 4
```

16
```
    7 5 3
+     3 8
```

17
```
    9 3 6
+     1 5
```

18
```
    8 2 7
+     1 7
```

19
```
      3 7
+   2 3 4
```

20
```
      2 6
+   3 4 5
```

21
```
      4 8
+   2 1 9
```

22
```
      2 7
+   4 2 9
```

23
```
      2 8
+   5 2 7
```

24
```
      1 9
+   6 4 7
```

1

일의 자리에서 받아올림이 있는
(세 자리수)+(두 자리 수)(2)

⏰ 계산을 하세요. (1~16)

1 3 5 7 + 2 8 =

2 1 4 6 + 3 8 =

3 2 3 5 + 4 9 =

4 4 1 9 + 6 5 =

5 5 2 4 + 2 7 =

6 6 2 8 + 3 7 =

7 7 6 3 + 2 8 =

8 8 4 8 + 2 6 =

9 8 5 3 + 2 7 =

10 9 3 7 + 3 9 =

11 7 2 7 + 3 6 =

12 6 3 6 + 2 5 =

13 5 5 5 + 2 7 =

14 4 2 8 + 3 8 =

15 3 5 7 + 1 9 =

16 5 2 9 + 2 6 =

⏰ 계산을 하세요. (17 ~ 32)

17 2 7 + 2 3 5 =

18 3 8 + 2 5 4 =

19 4 9 + 3 2 4 =

20 5 2 + 3 1 9 =

21 6 3 + 4 1 7 =

22 7 4 + 4 0 8 =

23 2 5 + 5 1 8 =

24 3 6 + 6 2 9 =

25 4 7 + 7 3 4 =

26 5 8 + 5 2 7 =

27 6 9 + 6 1 8 =

28 7 2 + 6 0 9 =

29 4 6 + 7 2 8 =

30 5 4 + 8 1 7 =

31 3 6 + 4 2 6 =

32 2 9 + 3 4 9 =

⏰ 계산을 하세요. (1~15)

1
```
    4 2 5
  +   1 6
```

2
```
    3 3 4
  +   2 8
```

3
```
    4 2 8
  +   3 8
```

4
```
    3 6 9
  +   2 5
```

5
```
    5 1 7
  +   2 7
```

6
```
    4 5 4
  +   1 9
```

7
```
    2 5 6
  +   3 7
```

8
```
    6 2 9
  +   3 6
```

9
```
    7 4 7
  +   4 8
```

10
```
      4 9
  + 2 3 5
```

11
```
      5 6
  + 3 1 7
```

12
```
      3 9
  + 3 2 7
```

13
```
      3 7
  + 3 4 9
```

14
```
      4 5
  + 2 1 9
```

15
```
      5 4
  + 3 2 8
```

걸린 시간	1~10분	10~15분	15~20분
맞은 개수	28~31개	22~27개	1~21개
평가	참 잘했어요.	잘했어요.	좀더 노력해요.

⏰ 계산을 하세요. (16 ~ 31)

16 473+17=

17 329+32=

18 264+29=

19 417+14=

20 536+26=

21 348+27=

22 426+38=

23 544+28=

24 34+259=

25 46+327=

26 29+253=

27 15+428=

28 37+438=

29 38+229=

30 53+328=

31 49+517=

일의 자리에서 받아올림이 있는 (세 자리수)+(두 자리 수)(4)

⏰ □ 안에 알맞은 수를 써넣으세요. (1~10)

1
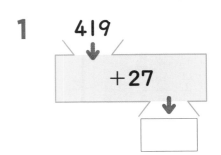
419 +27

2
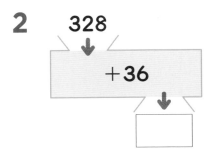
328 +36

3
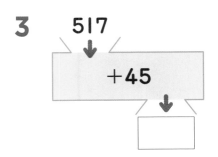
517 +45

4
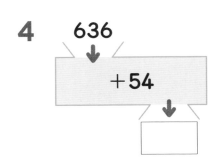
636 +54

5
725 +39

6
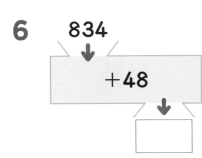
834 +48

7
59 +323

8
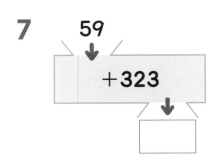
48 +425

9
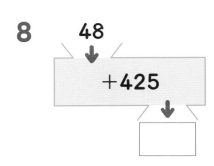
37 +517

10
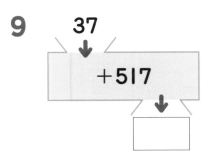
26 +636

계산은 빠르고 정확하게!

걸린 시간	1~6분	6~9분	9~12분
맞은 개수	18~20개	14~17개	1~13개
평가	참 잘했어요.	잘했어요.	좀더 노력해요.

⏰ 빈 곳에 알맞은 수를 써넣으세요. (11 ~ 20)

11

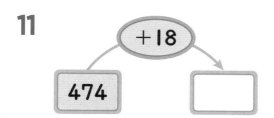

12

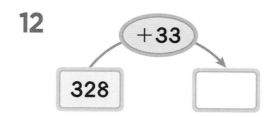

13

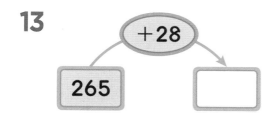

14

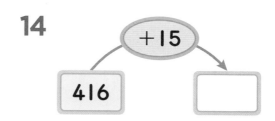

15

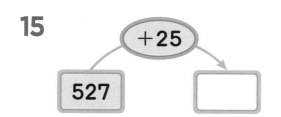

16

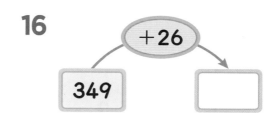

17

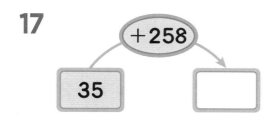

18

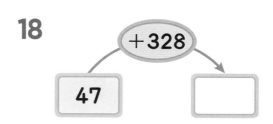

19

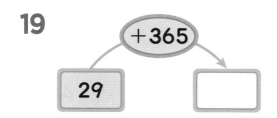

20

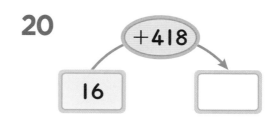

2 십의 자리에서 받아올림이 있는 (세 자리 수)+(두 자리 수)(1)

⭐ **293+45의 계산**

(1) 일의 자리의 숫자끼리의 합을 일의 자리에 씁니다.

(2) 십의 자리의 숫자끼리의 합이 10이거나 10보다 크면 10은 백의 자리로 받아올림하여 백의 자리 위에 작게 1로 나타내고, 남은 수는 십의 자리에 씁니다.

(3) 받아올림한 1과 백의 자리 숫자의 합을 백의 자리에 씁니다.

〈세로셈〉

```
      1
    2 9 3
  +   4 5
    3 3 8
```

〈가로셈〉

```
  1
2 9 3 + 4 5 = 3 3 8
```

⏰ 계산을 하세요. (1~9)

1
```
    3 5 7
  +   6 2
```

2
```
    4 6 3
  +   6 5
```

3
```
    2 7 2
  +   7 5
```

4
```
    4 8 1
  +   7 3
```

5
```
    5 9 4
  +   5 3
```

6
```
    6 4 2
  +   9 3
```

7
```
      3 2
  + 3 9 4
```

8
```
      5 3
  + 4 8 2
```

9
```
      7 4
  + 5 9 4
```

⏰ 계산을 하세요. (10 ~ 24)

10

```
    2  4  8
 +     8  1
```

11

```
    5  6  4
 +     5  2
```

12

```
    3  8  3
 +     7  2
```

13

```
    4  7  5
 +     9  3
```

14

```
    6  9  2
 +     6  5
```

15

```
    5  4  1
 +     7  3
```

16

```
    6  6  6
 +     8  2
```

17

```
    7  8  5
 +     8  4
```

18

```
    8  9  4
 +     5  1
```

19

```
       4  2
 +  2  9  1
```

20

```
       5  3
 +  3  7  2
```

21

```
       6  4
 +  4  8  4
```

22

```
       7  3
 +  5  6  3
```

23

```
       8  4
 +  6  9  3
```

24

```
       9  5
 +  7  6  4
```

⏰ 계산을 하세요. (1 ~ 16)

1 3 4 8 + 9 1 =

2 2 5 3 + 7 2 =

3 4 6 4 + 8 3 =

4 5 7 6 + 6 1 =

5 6 8 2 + 7 3 =

6 6 9 4 + 8 4 =

7 2 3 5 + 8 3 =

8 3 5 7 + 7 2 =

9 4 6 2 + 9 2 =

10 5 7 3 + 4 5 =

11 6 8 4 + 9 5 =

12 7 9 5 + 9 2 =

13 8 3 4 + 9 2 =

14 4 7 3 + 7 4 =

15 5 8 1 + 8 4 =

16 6 5 5 + 8 4 =

⏰ 계산을 하세요. (17 ~ 32)

17 $23 + 294 =$

18 $34 + 392 =$

19 $87 + 481 =$

20 $96 + 572 =$

21 $45 + 662 =$

22 $56 + 551 =$

23 $21 + 496 =$

24 $32 + 583 =$

25 $67 + 671 =$

26 $78 + 771 =$

27 $43 + 584 =$

28 $54 + 662 =$

29 $73 + 782 =$

30 $95 + 394 =$

31 $65 + 482 =$

32 $76 + 593 =$

2 십의 자리에서 받아올림이 있는 (세 자리 수)+(두 자리 수)(3)

🕐 계산을 하세요. (1~15)

1
```
  1 4 5
+   8 2
```

2
```
  2 5 3
+   9 3
```

3
```
  3 6 2
+   7 1
```

4
```
  4 7 1
+   8 4
```

5
```
  5 8 4
+   2 3
```

6
```
  6 9 5
+   7 1
```

7
```
  7 3 5
+   9 3
```

8
```
  8 4 2
+   7 2
```

9
```
  4 5 4
+   8 4
```

10
```
    4 3
+ 3 9 2
```

11
```
    5 4
+ 4 7 3
```

12
```
    6 5
+ 5 8 1
```

13
```
    7 6
+ 6 9 3
```

14
```
    8 7
+ 7 8 1
```

15
```
    9 2
+ 8 9 4
```

⏰ 계산을 하세요. (16 ~ 31)

16 544+65=

17 453+82=

18 362+64=

19 271+75=

20 685+73=

21 794+85=

22 876+62=

23 563+73=

24 44+391=

25 53+484=

26 62+595=

27 71+645=

28 85+763=

29 97+892=

30 64+664=

31 73+782=

⏰ ☐ 안에 알맞은 수를 써넣으세요. (1 ~ 10)

1 452
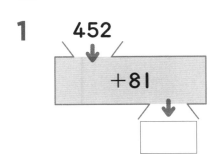
+81

2 573
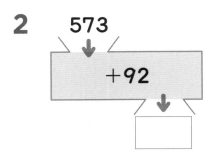
+92

3 384
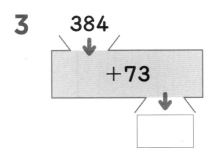
+73

4 291
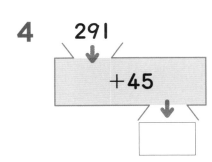
+45

5 666
+83

6 758
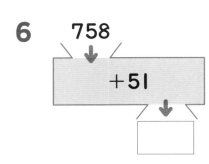
+51

7 56
+572

8 65
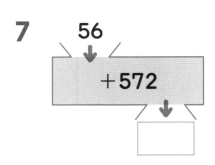
+771

9 74
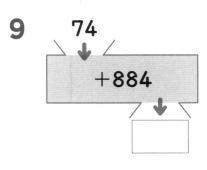
+884

10 85
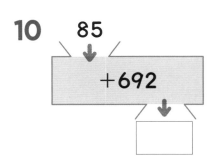
+692

계산은 빠르고 정확하게!

⏰ 빈 곳에 알맞은 수를 써넣으세요. (11~20)

11

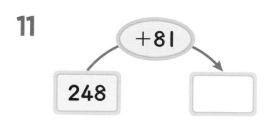

12

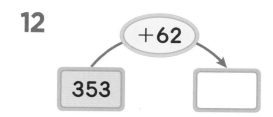

13

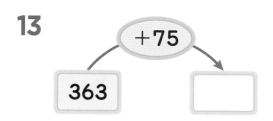

14

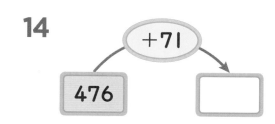

15

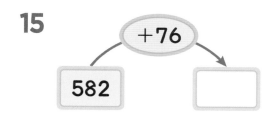

16

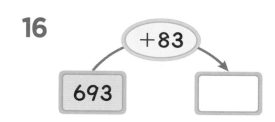

17

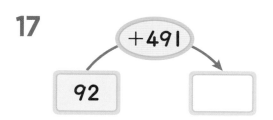

18

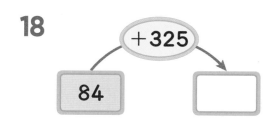

19

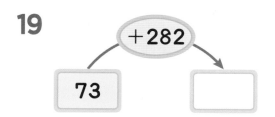

20

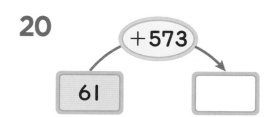

3 받아올림이 두 번 있는 (세 자리 수)+(두 자리 수)(1)

⭐ 345+67의 계산

(1) 일의 자리의 숫자끼리의 합이 10이거나 10보다 크면 10은 십의 자리로 받아올림하여 십의 자리 위에 작게 1로 나타내고 남은 수는 일의 자리에 씁니다.

(2) 받아올림한 1과 십의 자리의 숫자끼리의 합이 10이거나 10보다 크면 10은 백의 자리로 받아올림하여 백의 자리 위에 작게 1로 나타내고 남은 수는 십의 자리에 씁니다.

(3) 받아올림한 1과 백의 자리 숫자의 합을 백의 자리에 씁니다.

〈세로셈〉

```
  1 1
  3 4 5
+   6 7
  4 1 2
```

〈가로셈〉

```
1 1
3 4 5 + 6 7 = 4 1 2
```

⏰ 계산을 하세요. (1~6)

1
```
  2 5 3
+   7 7
```

2
```
  3 7 5
+   6 7
```

3
```
  4 8 4
+   5 8
```

4
```
    5 9
+ 5 9 6
```

5
```
    4 5
+ 6 6 8
```

6
```
    8 3
+ 7 4 9
```

⏰ 계산을 하세요. (7 ~ 21)

7

		3	6	5
+			6	5

8

		4	5	6
+			8	6

9

		3	4	5
+			8	7

10

		4	7	9
+			8	5

11

		5	4	7
+			5	4

12

		6	7	3
+			8	9

13

		7	5	8
+			7	5

14

		7	7	6
+			6	7

15

		8	2	7
+			8	5

16

			8	9
+		6	5	6

17

			8	7
+		8	7	6

18

			6	4
+		5	8	7

19

			9	9
+		2	9	9

20

			8	8
+		3	8	8

21

			9	5
+		4	5	7

3 받아올림이 두 번 있는
(세 자리 수)+(두 자리 수)(2)

⏰ 계산을 하세요. (1~16)

1 2 5 7 + 7 8 =

2 3 8 6 + 6 4 =

3 5 7 5 + 4 9 =

4 4 7 4 + 5 9 =

5 5 6 5 + 5 7 =

6 7 2 7 + 9 6 =

7 6 3 7 + 9 4 =

8 7 3 5 + 6 8 =

9 8 2 7 + 7 8 =

10 4 9 4 + 9 9 =

11 3 5 5 + 8 5 =

12 2 5 6 + 6 6 =

13 4 7 8 + 4 9 =

14 7 2 6 + 8 8 =

15 7 4 5 + 8 6 =

16 5 9 5 + 9 5 =

⏰ 계산을 하세요. (17 ~ 32)

17 4 6 + 3 7 4 =

18 5 7 + 4 8 5 =

19 6 8 + 5 9 6 =

20 7 9 + 6 4 3 =

21 3 9 + 2 8 7 =

22 4 4 + 2 8 8 =

23 5 4 + 3 7 9 =

24 6 3 + 4 9 8 =

25 7 6 + 7 6 4 =

26 7 4 + 5 8 7 =

27 8 5 + 3 9 7 =

28 9 9 + 2 8 6 =

29 9 7 + 3 9 4 =

30 8 6 + 5 7 6 =

31 7 7 + 7 7 7 =

32 8 8 + 8 8 8 =

3 받아올림이 두 번 있는 (세 자리 수)+(두 자리 수)(3)

⏰ 계산을 하세요. (1~15)

1
```
  3 7 3
+   6 7
───────
```

2
```
  4 8 4
+   4 8
───────
```

3
```
  5 7 6
+   6 6
───────
```

4
```
  4 5 7
+   5 7
───────
```

5
```
  5 6 9
+   5 4
───────
```

6
```
  6 7 8
+   9 7
───────
```

7
```
  5 3 7
+   8 3
───────
```

8
```
  6 5 9
+   7 7
───────
```

9
```
  7 4 5
+   9 8
───────
```

10
```
    7 6
+ 3 6 8
───────
```

11
```
    8 5
+ 4 8 9
───────
```

12
```
    9 6
+ 5 3 6
───────
```

13
```
    5 8
+ 3 4 2
───────
```

14
```
    7 4
+ 4 8 6
───────
```

15
```
    8 8
+ 5 9 4
───────
```

⏰ 계산을 하세요. (16 ~ 31)

16 648+73=

17 759+84=

18 846+84=

19 575+57=

20 438+97=

21 564+89=

22 675+86=

23 727+93=

24 56+487=

25 63+597=

26 76+676=

27 88+838=

28 94+367=

29 87+568=

30 69+542=

31 98+725=

3 받아올림이 두 번 있는 (세 자리 수)+(두 자리 수)(4)

학습 날짜
월   일

⏰ □ 안에 알맞은 수를 써넣으세요. (1~10)

1
876
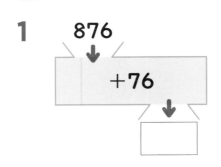
+76

2
765
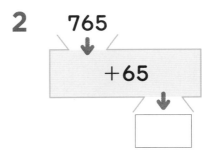
+65

3
654
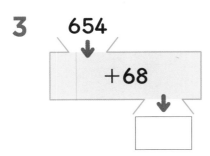
+68

4
558
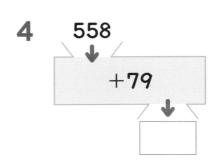
+79

5
486
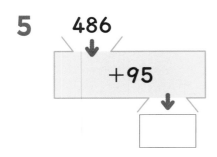
+95

6
399
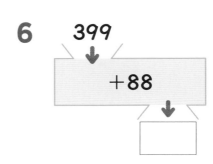
+88

7
99
+299

8
87
+389

9
75
+428

10
63
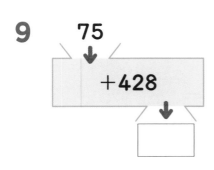
+577

계산은 빠르고 정확하게!

걸린 시간	1~6분	6~9분	9~12분
맞은 개수	19~20개	16~18개	1~15개
평가	참 잘했어요.	잘했어요.	좀더 노력해요.

⏰ 빈 곳에 알맞은 수를 써넣으세요. (11 ~ 20)

11

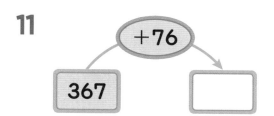

12

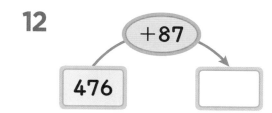

13

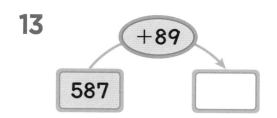

14

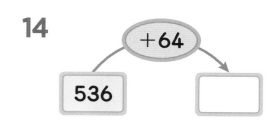

15

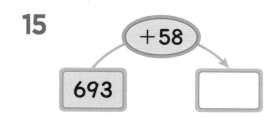

16

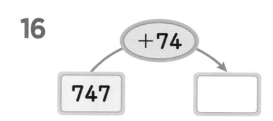

17

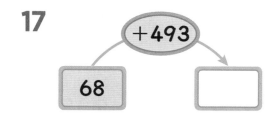

18

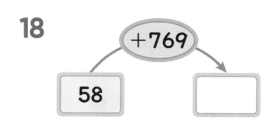

19

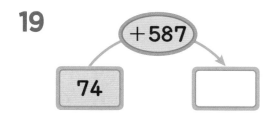

20

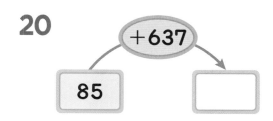

4 받아내림이 한 번 있는 (세 자리 수)−(두 자리 수)(1)

✿ 253−35의 계산

(1) 일의 자리의 숫자끼리 뺄 수 없으면 십의 자리에서 10을 받아내림하여 십의 자리 숫자를 지우고 1만큼 더 작은 숫자를 위에 작게 쓴 다음 일의 자리 숫자 위에 10을 작게 쓴 후 계산합니다.

(2) 받아내림하고 남은 숫자에서 십의 자리 숫자를 뺀 값을 십의 자리에 씁니다.

(3) 백의 자리 숫자는 백의 자리에 씁니다.

〈세로셈〉

```
        4  10
    2   5̸   3
 −      3   5
    2   1   8
```

〈가로셈〉

```
   4  10
2  5̸  3  −  3  5  =  2  1  8
```

⏰ 계산을 하세요. (1~9)

1
```
    1  2  6
 −     1  8
```

2
```
    1  3  3
 −     1  6
```

3
```
    1  6  3
 −     3  4
```

4
```
    2  8  4
 −     5  9
```

5
```
    2  5  7
 −     2  9
```

6
```
    2  9  5
 −     8  8
```

7
```
    3  9  1
 −     5  6
```

8
```
    3  4  8
 −     2  9
```

9
```
    3  8  2
 −     6  9
```

⏰ 계산을 하세요. (10 ~ 24)

10
```
  1 2 5
-   1 9
```

11
```
  1 3 2
-   1 5
```

12
```
  1 6 4
-   2 5
```

13
```
  2 4 3
-   2 7
```

14
```
  2 5 5
-   3 8
```

15
```
  2 6 1
-   2 4
```

16
```
  3 5 6
-   2 9
```

17
```
  3 6 7
-   5 8
```

18
```
  3 7 2
-   4 7
```

19
```
  4 6 4
-   3 7
```

20
```
  4 7 1
-   4 5
```

21
```
  4 7 8
-   2 9
```

22
```
  5 7 0
-   3 4
```

23
```
  5 8 3
-   2 6
```

24
```
  5 9 5
-   4 7
```

⏰ 계산을 하세요. (1 ~ 16)

1 | 1 5 1 − 2 7 = |

2 | 1 8 3 − 3 5 = |

3 | 2 3 4 − 2 8 = |

4 | 2 7 2 − 1 9 = |

5 | 3 4 5 − 2 6 = |

6 | 3 6 6 − 3 8 = |

7 | 4 6 7 − 4 9 = |

8 | 4 9 1 − 2 8 = |

9 | 5 4 6 − 1 7 = |

10 | 5 7 3 − 3 6 = |

11 | 6 2 5 − 1 6 = |

12 | 6 8 4 − 4 6 = |

13 | 7 5 8 − 4 9 = |

14 | 7 7 2 − 3 8 = |

15 | 8 4 4 − 2 9 = |

16 | 8 9 1 − 3 7 = |

⏰ 계산을 하세요. (17 ~ 32)

17 $132 - 16 =$

18 $163 - 25 =$

19 $346 - 28 =$

20 $374 - 37 =$

21 $531 - 22 =$

22 $585 - 48 =$

23 $757 - 49 =$

24 $778 - 39 =$

25 $963 - 58 =$

26 $982 - 47 =$

27 $222 - 15 =$

28 $296 - 29 =$

29 $464 - 56 =$

30 $485 - 38 =$

31 $693 - 47 =$

32 $678 - 59 =$

⏰ 계산을 하세요. (1 ~ 15)

1
```
   1 7 4
 −   2 9
```

2
```
   2 5 3
 −   3 5
```

3
```
   3 3 5
 −   2 7
```

4
```
   6 2 7
 −   1 8
```

5
```
   5 4 1
 −   2 6
```

6
```
   4 6 6
 −   3 9
```

7
```
   9 5 2
 −   3 6
```

8
```
   8 6 8
 −   4 9
```

9
```
   7 3 4
 −   1 7
```

10
```
   2 6 3
 −   2 5
```

11
```
   3 4 7
 −   2 8
```

12
```
   4 7 4
 −   3 9
```

13
```
   5 9 1
 −   5 5
```

14
```
   6 8 3
 −   6 6
```

15
```
   7 9 2
 −   7 7
```

⏰ 계산을 하세요. (16 ~ 31)

16 324－16＝☐

17 448－29＝☐

18 583－35＝☐

19 636－28＝☐

20 752－24＝☐

21 875－37＝☐

22 197－49＝☐

23 281－53＝☐

24 974－27＝☐

25 838－19＝☐

26 784－48＝☐

27 652－37＝☐

28 540－23＝☐

29 475－48＝☐

30 291－44＝☐

31 373－26＝☐

⏰ □ 안에 알맞은 수를 써넣으세요. (1~10)

1 172
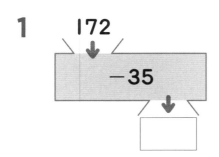
−35

2 263
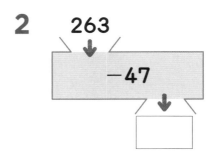
−47

3 354
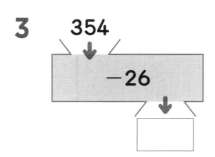
−26

4 445
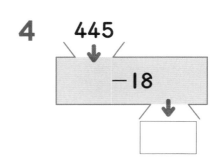
−18

5 536
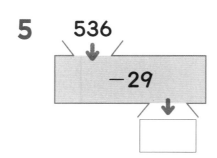
−29

6 687
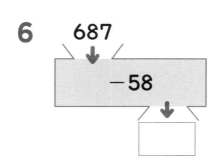
−58

7 747
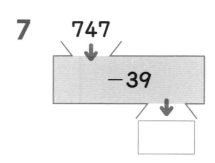
−39

8 866
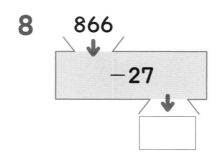
−27

9 934
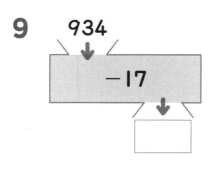
−17

10 373
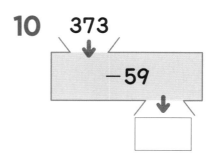
−59

계산은 빠르고 정확하게!

걸린 시간	1~6분	6~9분	9~12분
맞은 개수	19~20개	14~18개	1~13개
평가	참 잘했어요.	잘했어요.	좀더 노력해요.

🕐 빈 곳에 알맞은 수를 써넣으세요. (11 ~ 20)

11
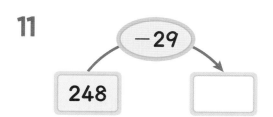

12
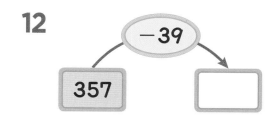

13
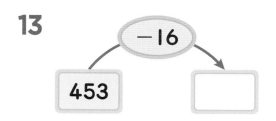

14
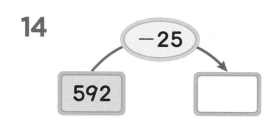

15
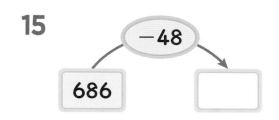

16
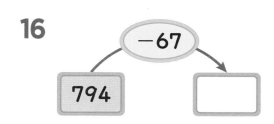

17
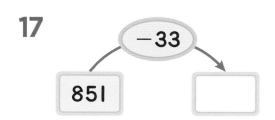

18
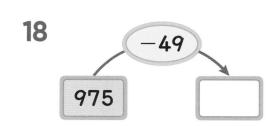

19
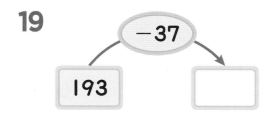

20
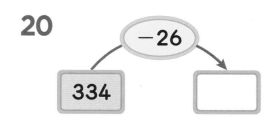

5 받아내림이 두 번 있는 (몇백몇십)−(두 자리 수)(1)

✿ 450−72의 계산

① 일의 자리 숫자끼리 뺄 수 없으면 십의 자리에서 10을 받아내림하여 계산합니다.

② 십의 자리 숫자끼리 뺄 수 없으면 백의 자리에서 100을 받아내림하여 계산합니다.

③ 남은 백의 자리 숫자는 백의 자리에 그대로 씁니다.

〈세로셈〉

```
  3 14 10
  4  5  0
-     7  2
  3  7  8
```

〈가로셈〉

```
  3 14 10
  4  5  0  −  7  2  =  3  7  8
```

🕐 계산을 하세요. (1~9)

1
```
   2 7 0
-    8 5
```

2
```
   3 4 0
-    6 7
```

3
```
   1 5 0
-    8 2
```

4
```
   4 2 0
-    5 4
```

5
```
   6 1 0
-    4 6
```

6
```
   7 3 0
-    7 3
```

7
```
   1 4 0
-    5 2
```

8
```
   2 6 0
-    9 1
```

9
```
   3 2 0
-    7 5
```

⏰ 계산을 하세요. (10 ~ 24)

10

```
    4  3  0
 -     5  2
```

11

```
    5  2  0
 -     6  4
```

12

```
    6  4  0
 -     7  8
```

13

```
    2  1  0
 -     4  5
```

14

```
    3  5  0
 -     8  3
```

15

```
    4  2  0
 -     7  6
```

16

```
    1  3  0
 -     6  7
```

17

```
    7  4  0
 -     5  9
```

18

```
    6  6  0
 -     9  1
```

19

```
    2  2  0
 -     4  8
```

20

```
    3  4  0
 -     7  4
```

21

```
    4  6  0
 -     7  2
```

22

```
    5  5  0
 -     5  5
```

23

```
    6  4  0
 -     7  9
```

24

```
    7  3  0
 -     7  3
```

5 받아내림이 두 번 있는 (몇백몇십)−(두 자리 수)(2)

⏰ 계산을 하세요. (1~16)

1 2 3 0 − 4 6 =

2 3 5 0 − 5 3 =

3 4 2 0 − 3 8 =

4 5 4 0 − 7 1 =

5 6 1 0 − 7 7 =

6 7 6 0 − 8 2 =

7 8 4 0 − 6 4 =

8 9 7 0 − 9 9 =

9 3 4 0 − 5 5 =

10 2 5 0 − 6 1 =

11 4 4 0 − 6 8 =

12 6 3 0 − 5 7 =

13 5 2 0 − 2 5 =

14 4 6 0 − 6 3 =

15 7 3 0 − 5 2 =

16 8 5 0 − 8 5 =

⏰ 계산을 하세요. (17 ~ 32)

17 4 5 0 − 7 5 =

18 3 2 0 − 3 6 =

19 2 4 0 − 8 2 =

20 5 5 0 − 7 3 =

21 3 6 0 − 6 3 =

22 4 1 0 − 7 1 =

23 5 2 0 − 8 4 =

24 6 6 0 − 6 6 =

25 7 3 0 − 8 1 =

26 2 5 0 − 6 2 =

27 6 3 0 − 5 6 =

28 6 7 0 − 9 4 =

29 2 3 0 − 8 3 =

30 7 7 0 − 8 9 =

31 4 1 0 − 2 9 =

32 8 4 0 − 6 7 =

🕐 계산을 하세요. (1~15)

1
```
   2 4 0
 -   8 7
```

2
```
   3 4 0
 -   6 7
```

3
```
   4 3 0
 -   5 6
```

4
```
   3 2 0
 -   7 7
```

5
```
   4 4 0
 -   8 5
```

6
```
   5 2 0
 -   6 8
```

7
```
   6 3 0
 -   4 8
```

8
```
   5 1 0
 -   8 9
```

9
```
   4 2 0
 -   6 9
```

10
```
   7 1 0
 -   3 9
```

11
```
   6 5 0
 -   7 6
```

12
```
   5 5 0
 -   8 8
```

13
```
   5 4 0
 -   5 9
```

14
```
   7 5 0
 -   8 7
```

15
```
   8 4 0
 -   5 5
```

⏰ 계산을 하세요. (16 ~ 31)

16 $350-67=$ ▢

17 $420-56=$ ▢

18 $210-89=$ ▢

19 $330-54=$ ▢

20 $540-65=$ ▢

21 $620-88=$ ▢

22 $430-78=$ ▢

23 $560-87=$ ▢

24 $320-49=$ ▢

25 $440-66=$ ▢

26 $530-47=$ ▢

27 $360-63=$ ▢

28 $450-96=$ ▢

29 $510-58=$ ▢

30 $730-75=$ ▢

31 $830-39=$ ▢

⏰ 빈칸에 알맞은 수를 써넣으세요. (1~8)

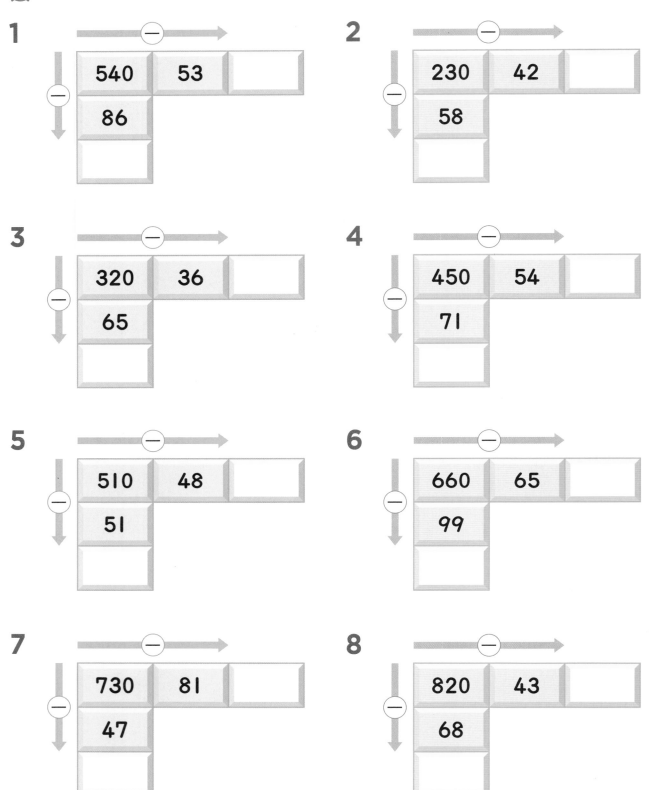

1

540	53	
86		

2

230	42	
58		

3

320	36	
65		

4

450	54	
71		

5

510	48	
51		

6

660	65	
99		

7

730	81	
47		

8

820	43	
68		

계산은 빠르고 정확하게!

걸린 시간	1~8분	8~12분	12~16분
맞은 개수	15~16개	12~14개	1~11개
평가	참 잘했어요.	잘했어요.	좀더 노력해요.

빈칸에 알맞은 수를 써넣으세요. (9 ~ 16)

9
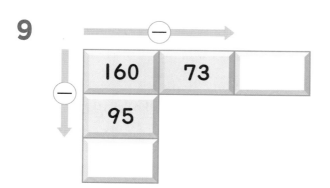

10
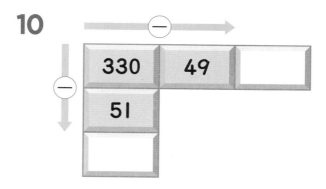

11
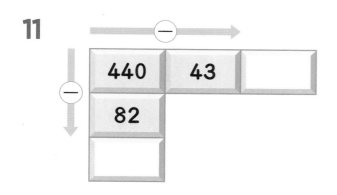

12
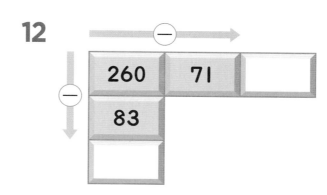

13
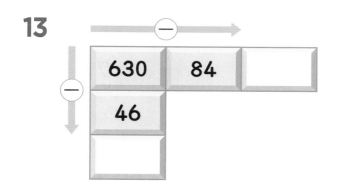

14
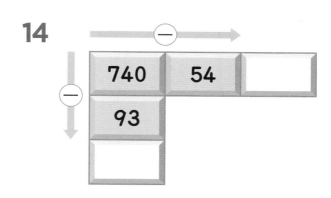

15
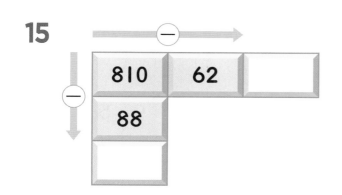

16
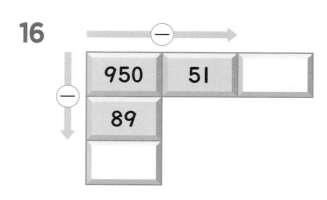

6 받아내림이 두 번 있는 (세 자리 수)-(두 자리 수)(1)

⭐ **235−57의 계산**

① 일의 자리 숫자끼리 뺄 수 없으면 십의 자리에서 10을 받아내림하여 계산합니다.

② 십의 자리 숫자끼리 뺄 수 없으면 백의 자리에서 100을 받아내림하여 계산합니다.

③ 남은 백의 자리 숫자는 백의 자리에 그대로 씁니다.

〈세로셈〉

```
    1  12  10
    2  3̷  5
 -     5  7
    1  7  8
```

〈가로셈〉

```
  1  12  10
  2  3̷  5 − 5  7 = 1  7  8
```

⏰ 계산을 하세요. (1~9)

1
```
    1  3  6
 -     6  9
```

2
```
    2  1  3
 -     5  8
```

3
```
    3  4  5
 -     7  7
```

4
```
    4  2  1
 -     4  5
```

5
```
    5  6  4
 -     8  6
```

6
```
    6  3  2
 -     5  5
```

7
```
    7  1  7
 -     6  8
```

8
```
    8  4  3
 -     9  6
```

9
```
    9  5  5
 -     7  9
```

⏰ 계산을 하세요. (10 ~ 24)

10

```
    1 5 2
-     7 6
```

11

```
    3 4 3
-     8 5
```

12

```
    2 1 8
-     7 9
```

13

```
    3 2 6
-     5 8
```

14

```
    5 4 7
-     8 8
```

15

```
    4 3 5
-     6 7
```

16

```
    5 5 5
-     8 8
```

17

```
    4 2 4
-     4 8
```

18

```
    6 1 1
-     3 9
```

19

```
    7 5 3
-     8 6
```

20

```
    8 6 2
-     9 9
```

21

```
    6 3 4
-     8 7
```

22

```
    5 2 1
-     5 6
```

23

```
    1 3 3
-     7 5
```

24

```
    3 4 4
-     5 8
```

6 받아내림이 두 번 있는
(세 자리 수)-(두 자리 수)(2)

학습 날짜

월   일

⏰ 계산을 하세요. (1 ~ 16)

1 2 4 6 − 5 7 =

2 3 5 7 − 6 9 =

3 2 4 8 − 7 9 =

4 5 7 1 − 9 5 =

5 2 5 3 − 7 6 =

6 3 7 5 − 8 8 =

7 4 2 3 − 8 5 =

8 5 1 2 − 6 7 =

9 5 4 6 − 8 9 =

10 6 3 6 − 4 8 =

11 6 6 1 − 7 8 =

12 5 3 5 − 8 7 =

13 7 4 3 − 6 6 =

14 6 5 4 − 8 5 =

15 4 5 4 − 7 9 =

16 3 6 2 − 6 5 =

⏰ 계산을 하세요. (17 ~ 32)

17 3 4 5 − 5 8 =

18 2 3 4 − 4 6 =

19 4 1 6 − 7 9 =

20 5 3 2 − 5 3 =

21 7 2 8 − 5 9 =

22 6 3 1 − 6 5 =

23 2 4 5 − 6 7 =

24 3 2 7 − 4 9 =

25 4 4 3 − 8 8 =

26 5 0 4 − 3 6 =

27 6 4 4 − 7 7 =

28 7 2 5 − 5 8 =

29 5 4 6 − 7 8 =

30 4 2 5 − 7 6 =

31 6 5 4 − 6 5 =

32 7 4 1 − 7 4 =

⏰ 계산을 하세요. (1~15)

1
```
  1 4 6
-   7 9
```

2
```
  2 5 5
-   9 7
```

3
```
  3 2 1
-   5 4
```

4
```
  4 1 6
-   3 8
```

5
```
  6 3 2
-   6 7
```

6
```
  5 2 5
-   7 8
```

7
```
  5 6 4
-   8 5
```

8
```
  3 2 5
-   6 9
```

9
```
  4 1 3
-   4 6
```

10
```
  7 0 7
-   8 9
```

11
```
  6 2 2
-   4 8
```

12
```
  5 6 3
-   7 7
```

13
```
  9 4 5
-   8 8
```

14
```
  7 3 4
-   5 8
```

15
```
  8 2 6
-   5 7
```

⏰ 계산을 하세요. (16 ~ 31)

16 145−78=▢

17 254−96=▢

18 322−55=▢

19 415−37=▢

20 634−67=▢

21 524−79=▢

22 563−84=▢

23 324−68=▢

24 412−46=▢

25 804−27=▢

26 623−49=▢

27 564−78=▢

28 946−89=▢

29 733−66=▢

30 836−48=▢

31 641−56=▢

⏰ 빈칸에 알맞은 수를 써넣으세요. (1~8)

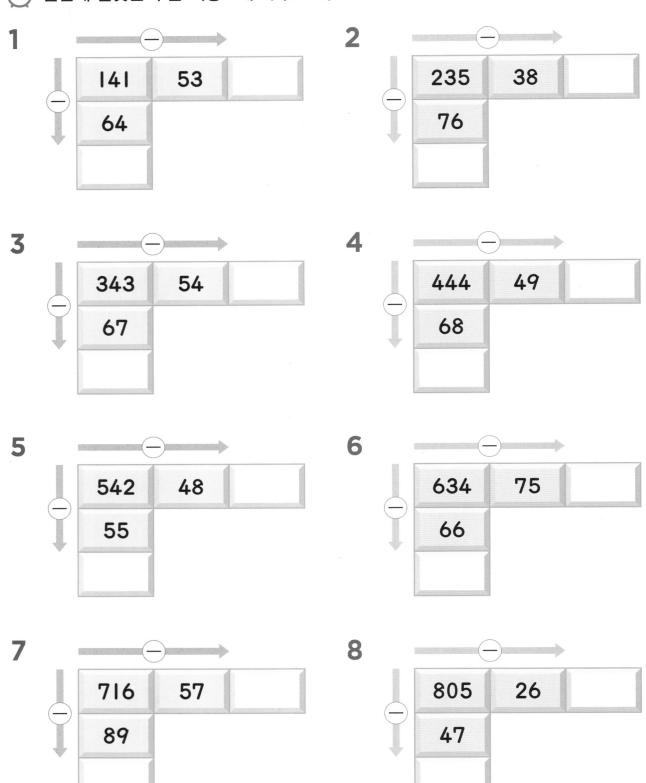

1

| − → |
141	53	
64		

2

| − → |
235	38	
76		

3

| − → |
343	54	
67		

4

| − → |
444	49	
68		

5

| − → |
542	48	
55		

6

| − → |
634	75	
66		

7

| − → |
716	57	
89		

8

| − → |
805	26	
47		

걸린 시간	1~8분	8~12분	12~16분
맞은 개수	15~16개	12~14개	1~11개
평가	참 잘했어요.	잘했어요.	좀더 노력해요.

⏰ 빈칸에 알맞은 수를 써넣으세요. (9 ~ 16)

9

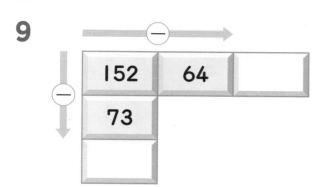

10

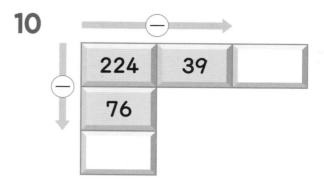

11

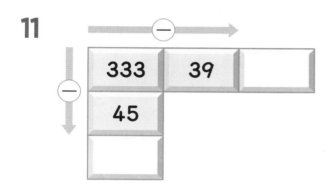

12

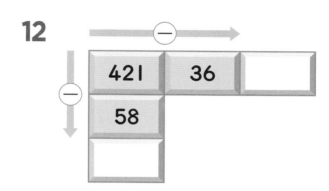

13

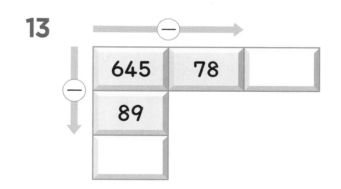

14

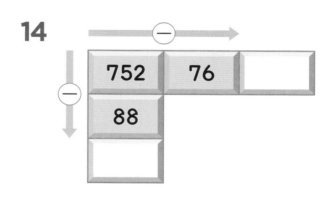

15

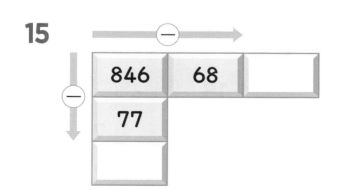

16

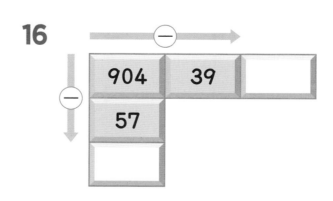

학습 날짜
월
일

⏰ □ 안에 알맞은 수를 써넣으세요. (1~15)

1
```
  □ 2 □
+   □ 6
─────────
  4 2 3
```

2
```
  □ 4 □
+   □ 7
─────────
  5 3 4
```

3
```
  □ 6 □
+   □ 8
─────────
  8 5 7
```

4
```
  5 0 □
+   □ 9
─────────
  □ 0 5
```

5
```
  6 8 □
+   □ 7
─────────
  □ 4 0
```

6
```
  3 5 □
+   □ 6
─────────
  □ 3 5
```

7
```
  □ 5 7
+   □ 4
─────────
  5 5 □
```

8
```
  □ 6 8
+   □ 7
─────────
  8 5 □
```

9
```
  □ 4 9
+   □ 8
─────────
  7 0 □
```

10
```
  6 □ 9
+   9 □
─────────
  □ 2 3
```

11
```
  7 □ 7
+   9 □
─────────
  □ 5 5
```

12
```
  5 □ 4
+   6 □
─────────
  □ 6 2
```

13
```
  7 □ □
+   7 3
─────────
  □ 1 2
```

14
```
  4 □ □
+   5 9
─────────
  □ 4 4
```

15
```
  3 □ □
+   7 8
─────────
  □ 7 4
```

계산은 빠르고 정확하게!

□ 안에 알맞은 수를 써넣으세요. (16 ~ 30)

16
```
  2 □ 3
-   5 □
-------
  □ 7 6
```

17
```
  3 □ 4
-   6 □
-------
  □ 5 5
```

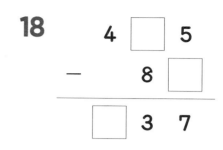

18
```
  4 □ 5
-   8 □
-------
  □ 3 7
```

19
```
  □ 5 1
-   □ 3
-------
  3 7 □
```

20
```
  □ 4 6
-   □ 9
-------
  5 7 □
```

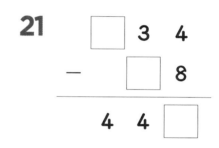

21
```
  □ 3 4
-   □ 8
-------
  4 4 □
```

22
```
  □ □ 2
-   5 □
-------
  8 7 6
```

23
```
  □ □ 4
-   3 □
-------
  7 7 7
```

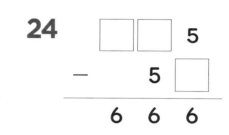

24
```
  □ □ 5
-   5 □
-------
  6 6 6
```

25
```
  □ 6 □
-   □ 3
-------
  7 8 9
```

26
```
  □ 4 □
-   □ 5
-------
  3 5 8
```

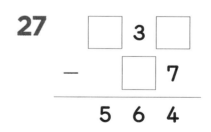

27
```
  □ 3 □
-   □ 7
-------
  5 6 4
```

28
```
  □ □ □
-   3 6
-------
  2 9 9
```

29
```
  □ □ □
-   5 4
-------
  4 6 8
```

30
```
  □ □ □
-   7 8
-------
  3 6 6
```

확인 평가

⏰ 계산을 하세요. (1~15)

1
```
    5  2  7
 +     3  8
```

2
```
    4  8  3
 +     9  5
```

3
```
    3  6  7
 +     3  3
```

4
```
    4  6  8
 +     7  5
```

5
```
    5  7  4
 +     8  7
```

6
```
    6  5  9
 +     9  6
```

7
```
    4  5  8
 -     3  9
```

8
```
    5  4  6
 -     7  3
```

9
```
    4  8  0
 -     9  4
```

10
```
    1  6  4
 -     7  9
```

11
```
    2  4  5
 -     7  6
```

12
```
    3  8  6
 -     9  9
```

13
```
    4  2  7
 -     6  8
```

14
```
    5  3  2
 -     8  6
```

15
```
    6  2  4
 -     7  8
```

⏰ 계산을 하세요. (16 ~ 31)

16 $247 + 37 =$

17 $427 + 58 =$

18 $376 + 53 =$

19 $555 + 82 =$

20 $469 + 54 =$

21 $674 + 68 =$

22 $593 + 19 =$

23 $757 + 83 =$

24 $473 - 57 =$

25 $585 - 92 =$

26 $430 - 46 =$

27 $340 - 87 =$

28 $346 - 78 =$

29 $415 - 77 =$

30 $531 - 65 =$

31 $633 - 84 =$

크라운을 도전하세요!

🕐 계산을 하세요. (32 ~ 50)

32
```
    2 6 6
  +   6 3
```

33
```
    3 1 8
  +   5 5
```

34
```
    4 3 0
  +   7 4
```

35
```
    4 8 6
  -   1 9
```

36
```
    5 2 8
  -   4 6
```

37
```
    4 4 0
  -   9 1
```

38
```
    2 7 3
  -   8 5
```

39
```
    4 1 6
  -   2 7
```

40
```
    3 3 5
  -   5 8
```

41 218+35=

42 450+77=

43 388+63=

44 597+25=

45 287−59=

46 428−56=

47 320−78=

48 510−19=

49 136−49=

50 357−58=

3

세 수의 계산

1 세 수의 덧셈(1)

⭐ 243+64+37의 계산

(1) 세 수의 덧셈은 두 수를 먼저 더한 다음 남은 한 수를 더합니다.

(2) 일의 자리 수끼리의 합이 10이 되는 두 수를 먼저 더하면 편리합니다.

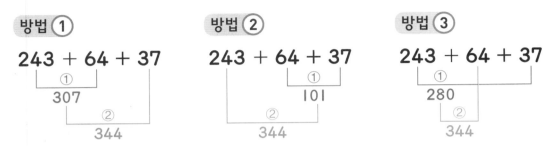

방법 ①

243 + 64 + 37

307

344

방법 ②

243 + 64 + 37

101

344

방법 ③

243 + 64 + 37

280

344

⏰ ☐ 안에 알맞은 수를 써넣으세요. (1~4)

1 326+47+65=☐

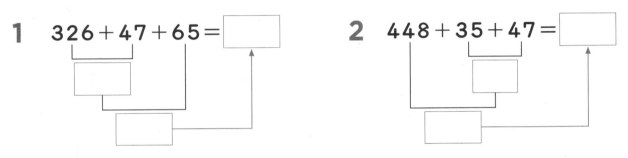

2 448+35+47=☐

3 573+65+49=☐

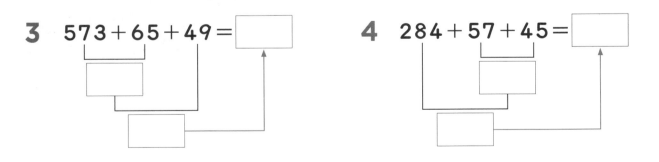

4 284+57+45=☐

⏰ ☐ 안에 알맞은 수를 써넣으세요. (5 ~ 12)

5 462 + 64 + 28 = ☐
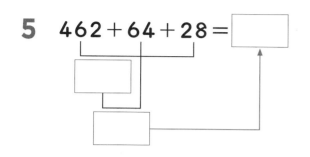

6 576 + 37 + 43 = ☐
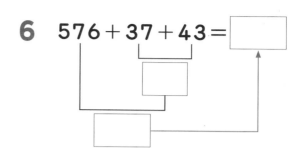

7 294 + 38 + 66 = ☐
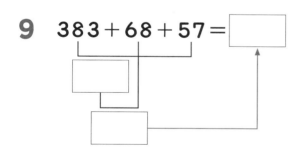

8 629 + 38 + 22 = ☐
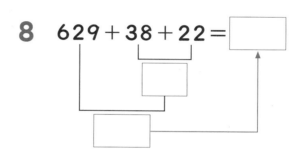

9 383 + 68 + 57 = ☐

10 726 + 48 + 32 = ☐
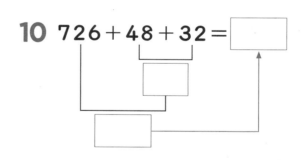

11 571 + 64 + 39 = ☐

12 458 + 47 + 43 = ☐
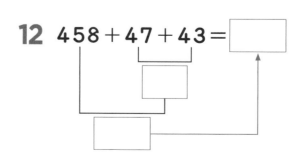

1 세 수의 덧셈(2)

⏰ ☐ 안에 알맞은 수를 써넣으세요. (1~5)

1 347 + 24 + 56

☐ + ☐ = ☐

➡ 347 + 24 + 56

☐ + ☐ = ☐

2 438 + 23 + 77

☐ + ☐ = ☐

➡ 438 + 23 + 77

☐ + ☐ = ☐

3 569 + 42 + 48

☐ + ☐ = ☐

➡ 569 + 42 + 48

☐ + ☐ = ☐

4 654 + 29 + 31

☐ + ☐ = ☐

➡ 654 + 29 + 31

☐ + ☐ = ☐

5 293 + 36 + 44

☐ + ☐ = ☐

➡ 293 + 36 + 44

☐ + ☐ = ☐

계산은 빠르고 정확하게!

걸린 시간	1~5분	5~8분	8~10분
맞은 개수	9~10개	7~8개	1~6개
평가	참 잘했어요.	잘했어요.	좀더 노력해요.

⏰ ☐ 안에 알맞은 수를 써넣으세요. (6~10)

6 $326 + 25 + 64$

☐ $+$ ☐ $=$ ☐

➡ $326 + 25 + 64$

☐ $+$ ☐ $=$ ☐

7 $443 + 39 + 47$

☐ $+$ ☐ $=$ ☐

➡ $443 + 39 + 47$

☐ $+$ ☐ $=$ ☐

8 $572 + 49 + 38$

☐ $+$ ☐ $=$ ☐

➡ $572 + 49 + 38$

☐ $+$ ☐ $=$ ☐

9 $685 + 57 + 35$

☐ $+$ ☐ $=$ ☐

➡ $685 + 57 + 35$

☐ $+$ ☐ $=$ ☐

10 $779 + 68 + 21$

☐ $+$ ☐ $=$ ☐

➡ $779 + 68 + 21$

☐ $+$ ☐ $=$ ☐

1 세 수의 덧셈(3)

⏰ 계산을 하세요. (1~12)

1 437+52+34=☐

2 542+39+46=☐

3 453+64+29=☐

4 634+58+27=☐

5 574+47+28=☐

6 376+46+28=☐

7 653+39+48=☐

8 478+53+38=☐

9 747+64+27=☐

10 523+48+36=☐

11 295+27+46=☐

12 334+48+48=☐

⏰ 계산을 하세요. (13~24)

13 $426+37+44=$

14 $354+28+62=$

15 $296+25+34=$

16 $547+29+71=$

17 $382+59+68=$

18 $648+35+25=$

19 $579+36+61=$

20 $443+34+56=$

21 $724+56+23=$

22 $478+35+42=$

23 $645+37+43=$

24 $538+44+52=$

2 세 수의 뺄셈(1)

✿ 342−57−25의 계산

(1) 세 수의 뺄셈은 앞에서부터 두 수씩 차례로 계산합니다.

(2) 순서를 바꾸면 결과가 달라집니다.

$$342 - 57 - 25 = 260 \ (\bigcirc)$$
① 285
② 260

$$342 - 57 - 25 = 310 \ (\times)$$
① 32
② 310

(3) 빼고 빼는 수를 더한 후 한 번에 뺄 수도 있습니다.

$$342−57−25 \quad \Rightarrow \quad 342−(57+25)$$

$$285−25=260 \qquad 342−82=260$$

⏰ □ 안에 알맞은 수를 써넣으세요. (1~4)

1 429−56−67 = □

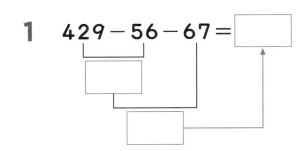

2 347−64−56 = □

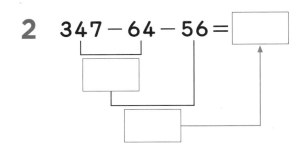

3 585−57−49 = □

4 673−38−94 = □

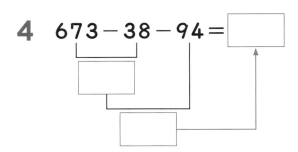

🕐 ☐ 안에 알맞은 수를 써넣으세요. (5 ~ 12)

5 $548 - 63 - 29 =$ ☐

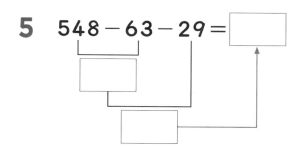

6 $639 - 57 - 36 =$ ☐

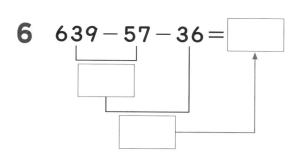

7 $427 - 19 - 55 =$ ☐

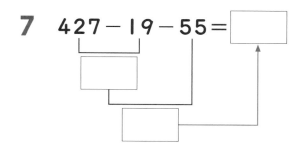

8 $584 - 46 - 27 =$ ☐

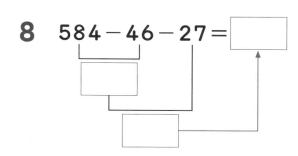

9 $376 - 58 - 34 =$ ☐

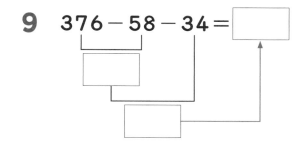

10 $283 - 65 - 26 =$ ☐

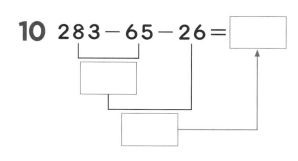

11 $654 - 65 - 28 =$ ☐

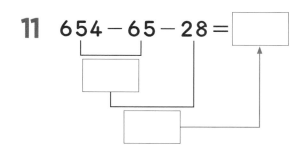

12 $731 - 47 - 25 =$ ☐

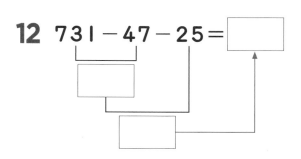

2 세 수의 뺄셈(2)

⏰ □ 안에 알맞은 수를 써넣으세요. (1~10)

1 548 − 54 − 49

☐ − ☐ = ☐

2 627 − 42 − 37

☐ − ☐ = ☐

3 333 − 72 − 44

☐ − ☐ = ☐

4 458 − 63 − 47

☐ − ☐ = ☐

5 576 − 39 − 53

☐ − ☐ = ☐

6 666 − 48 − 64

☐ − ☐ = ☐

7 444 − 27 − 75

☐ − ☐ = ☐

8 354 − 38 − 65

☐ − ☐ = ☐

9 432 − 68 − 49

☐ − ☐ = ☐

10 346 − 57 − 34

☐ − ☐ = ☐

🕐 ☐ 안에 알맞은 수를 써넣으세요. (11~15)

11 436 − 52 − 38 ➡ 436 − (52 + 38)

☐ − ☐ = ☐   ☐ − ☐ = ☐

12 357 − 48 − 22 ➡ 357 − (48 + 22)

☐ − ☐ = ☐   ☐ − ☐ = ☐

13 528 − 39 − 41 ➡ 528 − (39 + 41)

☐ − ☐ = ☐   ☐ − ☐ = ☐

14 615 − 47 − 13 ➡ 615 − (47 + 13)

☐ − ☐ = ☐   ☐ − ☐ = ☐

15 763 − 57 − 43 ➡ 763 − (57 + 43)

☐ − ☐ = ☐   ☐ − ☐ = ☐

학습 날짜
월   일

⏰ 빈 곳에 알맞은 수를 써넣으세요. (1 ~ 10)

1
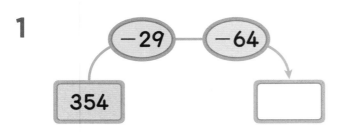

354 −29 −64

2
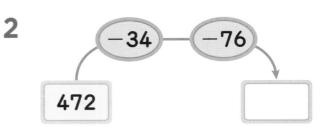

472 −34 −76

3
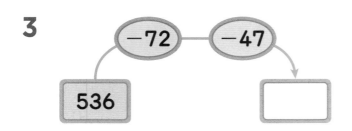

536 −72 −47

4
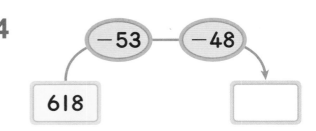

618 −53 −48

5
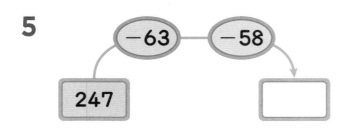

247 −63 −58

6
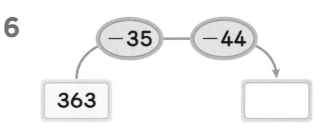

363 −35 −44

7
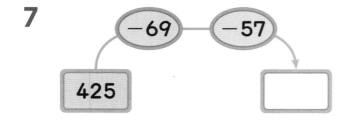

425 −69 −57

8
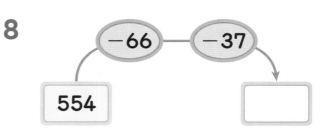

554 −66 −37

9
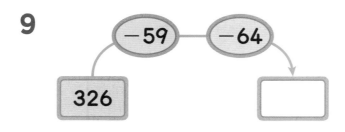

326 −59 −64

10
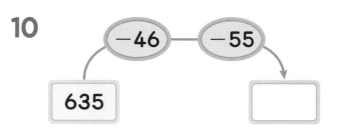

635 −46 −55

계산은 빠르고 정확하게!

걸린 시간	1~10분	10~15분	15~20분
맞은 개수	18~20개	14~17개	1~13개
평가	참 잘했어요.	잘했어요.	좀더 노력해요.

⏰ 빈 곳에 알맞은 수를 써넣으세요. (11 ~ 20)

11
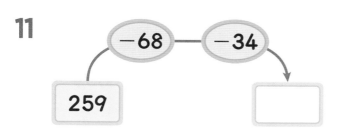
−68 — −34
259 [ ]

12
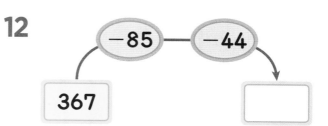
−85 — −44
367 [ ]

13
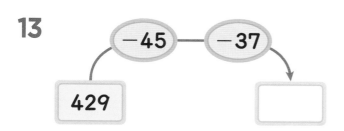
−45 — −37
429 [ ]

14
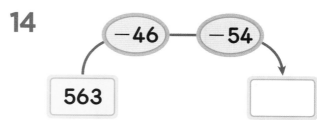
−46 — −54
563 [ ]

15
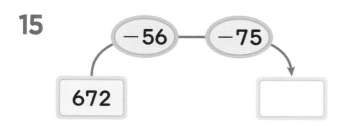
−56 — −75
672 [ ]

16
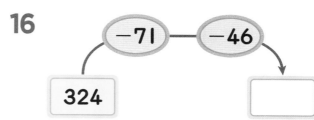
−71 — −46
324 [ ]

17
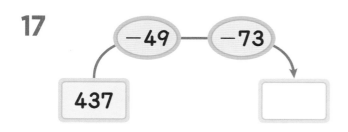
−49 — −73
437 [ ]

18
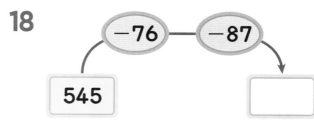
−76 — −87
545 [ ]

19
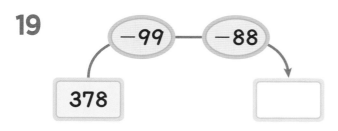
−99 — −88
378 [ ]

20
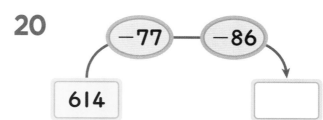
−77 — −86
614 [ ]

3 세 수의 덧셈과 뺄셈(1)

- 덧셈과 뺄셈이 섞여 있는 세 수의 계산은 앞에서부터 두 수씩 차례대로 계산합니다.

$$427 + 53 - 38 = 442$$

① 480

② 442

$$384 - 46 + 27 = 365$$

① 338

② 365

⏰ □ 안에 알맞은 수를 써넣으세요. (1~6)

1 $243 + 95 - 77 = \boxed{}$

2 $454 - 36 + 53 = \boxed{}$

3 $382 + 46 - 65 = \boxed{}$

4 $546 - 39 + 45 = \boxed{}$

5 $453 + 69 - 38 = \boxed{}$

6 $624 - 72 + 39 = \boxed{}$

⏰ ☐ 안에 알맞은 수를 써넣으세요. (7 ~ 14)

7 $254 + 39 - 56 =$

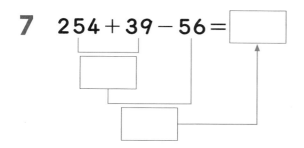

8 $364 - 36 + 88 =$

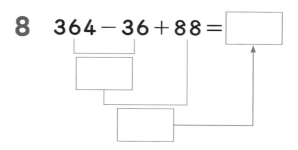

9 $365 + 26 - 38 =$

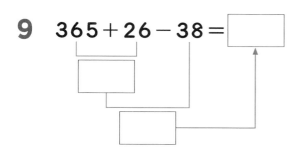

10 $447 - 39 + 86 =$

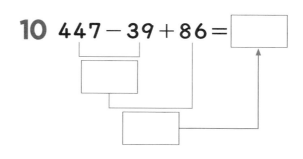

11 $454 + 38 - 43 =$

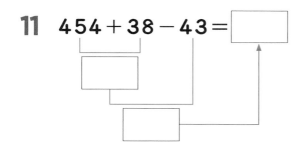

12 $595 - 47 + 89 =$

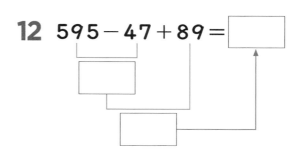

13 $646 + 38 - 92 =$

14 $677 - 89 + 65 =$

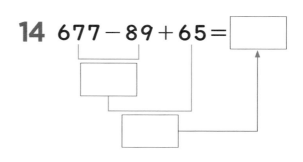

3 세 수의 덧셈과 뺄셈(2)

⏰ 계산을 하세요. (1~12)

1 $415 + 38 - 26 =$ ⬜

2 $349 + 38 - 92 =$ ⬜

3 $371 - 34 + 53 =$ ⬜

4 $452 - 27 + 79 =$ ⬜

5 $534 + 92 - 88 =$ ⬜

6 $457 + 63 - 72 =$ ⬜

7 $343 - 55 + 69 =$ ⬜

8 $536 - 29 + 68 =$ ⬜

9 $653 + 64 - 78 =$ ⬜

10 $718 + 94 - 45 =$ ⬜

11 $567 - 76 + 89 =$ ⬜

12 $618 - 54 + 76 =$ ⬜

계산은 빠르고 정확하게!

⏰ 계산을 하세요. (13 ~ 24)

13 $539+28-75=$ ☐

14 $457+34-63=$ ☐

15 $352-47+38=$ ☐

16 $577-83+29=$ ☐

17 $629+56-46=$ ☐

18 $789+36-58=$ ☐

19 $425-37+55=$ ☐

20 $583-57+46=$ ☐

21 $747+57-68=$ ☐

22 $839+27-74=$ ☐

23 $854-66+77=$ ☐

24 $326-57+84=$ ☐

3 세 수의 덧셈과 뺄셈(3)

⏰ 빈 곳에 알맞은 수를 써넣으세요. (1~10)

1

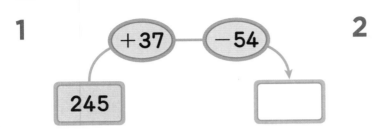

245 ◯+37◯ ◯−54◯ □

2

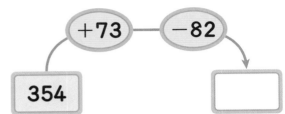

354 ◯+73◯ ◯−82◯ □

3

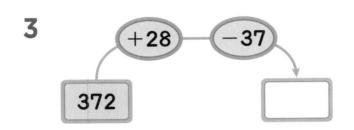

372 ◯+28◯ ◯−37◯ □

4

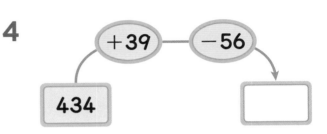

434 ◯+39◯ ◯−56◯ □

5

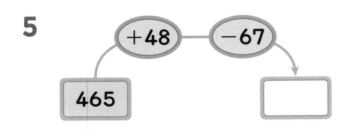

465 ◯+48◯ ◯−67◯ □

6

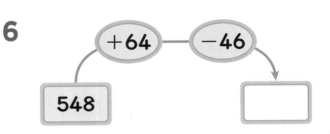

548 ◯+64◯ ◯−46◯ □

7

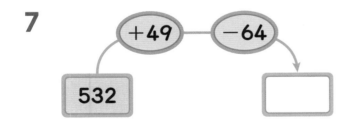

532 ◯+49◯ ◯−64◯ □

8

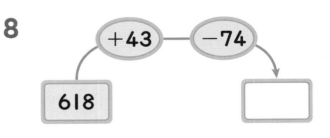

618 ◯+43◯ ◯−74◯ □

9

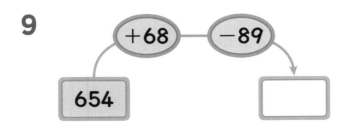

654 ◯+68◯ ◯−89◯ □

10

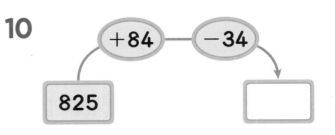

825 ◯+84◯ ◯−34◯ □

🕐 빈 곳에 알맞은 수를 써넣으세요. (11 ~ 20)

11

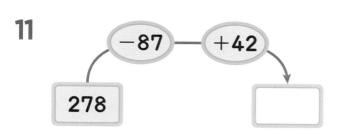

278 ─87 ─ +42 → ☐

12

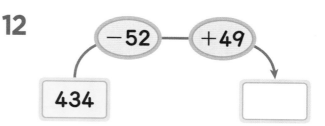

434 ─52 ─ +49 → ☐

13

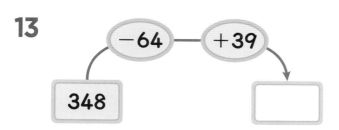

348 ─64 ─ +39 → ☐

14

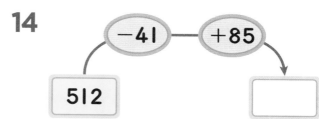

512 ─41 ─ +85 → ☐

15

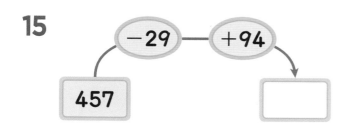

457 ─29 ─ +94 → ☐

16

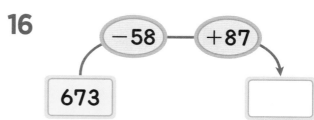

673 ─58 ─ +87 → ☐

17

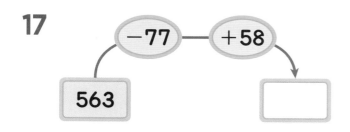

563 ─77 ─ +58 → ☐

18

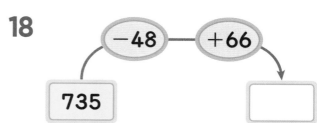

735 ─48 ─ +66 → ☐

19

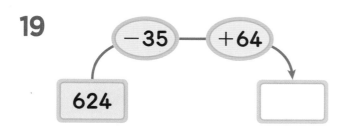

624 ─35 ─ +64 → ☐

20

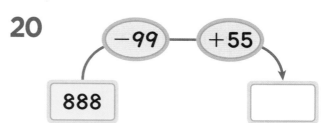

888 ─99 ─ +55 → ☐

4 신기한 연산

⏰ □ 안에 알맞은 수를 써넣으세요. (1~7)

1 $327+58+36=$ **320+50+30**$+7+8+6$

$=\boxed{}+\boxed{}=\boxed{}$

2 $445+32+37=$ **440+30+30**$+5+2+7$

$=\boxed{}+\boxed{}=\boxed{}$

3 $464+58+38=$ **460+50+30**$+\boxed{}+\boxed{}+\boxed{}$

$=\boxed{}+\boxed{}=\boxed{}$

4 $516+83+75=$ **510+80+70**$+\boxed{}+\boxed{}+\boxed{}$

$=\boxed{}+\boxed{}=\boxed{}$

5 $484+53+68=\boxed{}+\boxed{}+\boxed{}+\boxed{}+\boxed{}+\boxed{}$

$=\boxed{}+\boxed{}=\boxed{}$

6 $392+54+67=\boxed{}+\boxed{}+\boxed{}+\boxed{}+\boxed{}+\boxed{}$

$=\boxed{}+\boxed{}=\boxed{}$

7 $553+38+49=\boxed{}+\boxed{}+\boxed{}+\boxed{}+\boxed{}+\boxed{}$

$=\boxed{}+\boxed{}=\boxed{}$

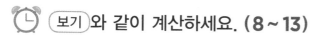

걸린 시간	1~10분	10~15분	15~20분
맞은 개수	12~13개	8~11개	1~7개
평가	참 잘했어요.	잘했어요.	좀더 노력해요.

⏰ 보기 와 같이 계산하세요. (8 ~ 13)

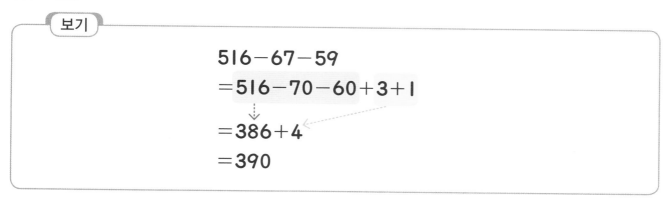

보기

$$516-67-59$$
$$=516-70-60+3+1$$
$$=386+4$$
$$=390$$

8 $374-27-38$
$=374-30-40+3+2$
= ☐ + ☐
= ☐

9 $647-39-55$
$=647-40-60+$ ☐ $+$ ☐
= ☐ + ☐
= ☐

10 $424-69-56$
$=424-70-60+1+4$
= ☐ + ☐
= ☐

11 $576-48-57$
$=576-50-60+2+3$
= ☐ + ☐
= ☐

12 $348-29-47$
$=348-30-50+$ ☐ $+$ ☐
= ☐ + ☐
= ☐

13 $354-37-49$
$=354-40-50+$ ☐ $+$ ☐
= ☐ + ☐
= ☐

확인 평가

⏰ ☐ 안에 알맞은 수를 써넣으세요. (1~10)

1 $275 + 47 + 84 =$ ☐

2 $328 + 46 + 54 =$ ☐

3 $454 + 66 + 97 =$ ☐

4 $526 + 87 + 54 =$ ☐

5 $667 + 29 + 57 =$ ☐

6 $483 + 42 + 88 =$ ☐

7 $372 + 46 + 38 =$ ☐

8 $357 + 64 + 43 =$ ☐

9 $529 + 68 + 45 =$ ☐

10 $748 + 77 + 66 =$ ☐

⏰ □ 안에 알맞은 수를 써넣으세요. (11~20)

11 423 − 51 − 39 = □

12 384 − 47 − 53 = □

13 546 − 67 − 44 = □

14 665 − 59 − 37 = □

15 636 − 52 − 48

□ − □ = □

16 636 − (52 + 48)

□ − □ = □

17 445 − 56 − 84 = □

18 572 − 45 − 35 = □

19 345 − 58 − 32 = □

20 637 − 54 − 66 = □

확인 평가

⏰ □ 안에 알맞은 수를 써넣으세요. (21 ~ 30)

21 $372 + 56 - 85 =$ ☐

22 $474 - 57 + 92 =$ ☐

23 $535 + 49 - 58 =$ ☐

24 $653 - 67 + 38 =$ ☐

25 $258 + 34 - 66 =$ ☐

26 $384 - 59 + 92 =$ ☐

27 $475 + 43 - 62 =$ ☐

28 $563 - 47 + 75 =$ ☐

29 $324 + 82 - 37 =$ ☐

30 $443 - 67 + 58 =$ ☐

초등 수학의 기본은 연산력!!

신기한 연산왕

정답

B-3

초2 수준

정답

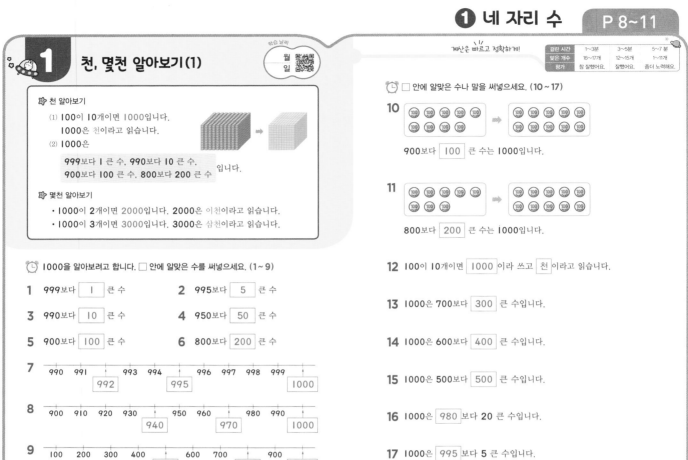

1 천, 몇천 알아보기(1)

학습 날짜
월 일

천 알아보기

(1) 100이 10개이면 1000입니다.
1000은 천이라고 읽습니다.

(2) 1000은

999보다 **1** 큰 수, 990보다 **10** 큰 수,
900보다 **100** 큰 수, 800보다 **200** 큰 수 입니다.

몇천 알아보기

• 1000이 2개이면 2000입니다. 2000은 이천이라고 읽습니다.
• 1000이 3개이면 3000입니다. 3000은 삼천이라고 읽습니다.

1000을 알아보려고 합니다. □ 안에 알맞은 수를 써넣으세요. (1~9)

1 999보다 **1** 큰 수

2 995보다 **5** 큰 수

3 990보다 **10** 큰 수

4 950보다 **50** 큰 수

5 900보다 **100** 큰 수

6 800보다 **200** 큰 수

7 990 991 | 992 | 993 994 | 995 | 996 997 998 999 | 1000 |

8 900 910 920 930 | 940 | 950 960 | 970 | 980 990 | 1000 |

9 100 200 300 400 | 500 | 600 700 | 800 | 900 | 1000 |

계산은 빠르고 정확하게!

걸린 시간	1~3분	3~5분	5~7분
맞은 개수	16~17개	12~15개	1~11개
평가	참 잘했어요.	잘했어요.	좀더 노력해요.

□ 안에 알맞은 수나 말을 써넣으세요. (10~17)

10 900보다 **100** 큰 수는 1000입니다.

11 800보다 **200** 큰 수는 1000입니다.

12 100이 10개이면 **1000** 이라 쓰고 **천** 이라고 읽습니다.

13 1000은 700보다 **300** 큰 수입니다.

14 1000은 600보다 **400** 큰 수입니다.

15 1000은 500보다 **500** 큰 수입니다.

16 1000은 **980** 보다 20 큰 수입니다.

17 1000은 **995** 보다 5 큰 수입니다.

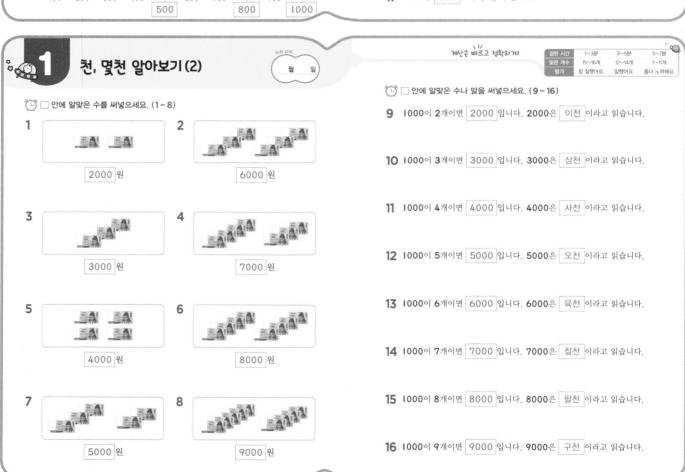

1 천, 몇천 알아보기(2)

학습 날짜
월 일

□ 안에 알맞은 수를 써넣으세요. (1~8)

1 **2000** 원

2 **6000** 원

3 **3000** 원

4 **7000** 원

5 **4000** 원

6 **8000** 원

7 **5000** 원

8 **9000** 원

계산은 빠르고 정확하게!

걸린 시간	1~3분	3~5분	5~7분
맞은 개수	15~16개	12~14개	1~11개
평가	참 잘했어요.	잘했어요.	좀더 노력해요.

□ 안에 알맞은 수나 말을 써넣으세요. (9~16)

9 1000이 2개이면 **2000** 입니다. 2000은 **이천** 이라고 읽습니다.

10 1000이 3개이면 **3000** 입니다. 3000은 **삼천** 이라고 읽습니다.

11 1000이 4개이면 **4000** 입니다. 4000은 **사천** 이라고 읽습니다.

12 1000이 5개이면 **5000** 입니다. 5000은 **오천** 이라고 읽습니다.

13 1000이 6개이면 **6000** 입니다. 6000은 **육천** 이라고 읽습니다.

14 1000이 7개이면 **7000** 입니다. 7000은 **칠천** 이라고 읽습니다.

15 1000이 8개이면 **8000** 입니다. 8000은 **팔천** 이라고 읽습니다.

16 1000이 9개이면 **9000** 입니다. 9000은 **구천** 이라고 읽습니다.

2 네 자리 수 알아보기(1)

학습 날짜 월 일

네 자리 수 알아보기

1000이 2개, 100이 5개, 10이 4개, 1이 8개이면 2548이라 쓰고 이천오백사십팔이라고 읽습니다.

 → 2548

참고
• 자리의 숫자가 0이면 숫자와 자릿값을 읽지 않습니다.
  예) 4075 → 사천칠십오
• 자리의 숫자가 1인 경우에는 일천, 일백, 일십으로 읽지 않고 천, 백, 십으로 읽습니다.
  예) 5193 → 오천백구십삼

□ 안에 알맞은 수를 써넣으세요. (1~4)

1 1000이 5개, 100이 8개, 10이 3개, 1이 2개 이면 5832

2 3268은
1000이 3개
100이 2개
10이 6개
1이 8개

3 1000이 8개, 100이 4개, 10이 0개, 1이 3개 이면 8403

4 4809는
1000이 4개
100이 8개
10이 0개
1이 9개

계산은 빠르고 정확하게!

걸린 시간	1~3분	3~5분	5~7분
맞은 개수	12~13개	9~11개	1~8개
평가	참 잘했어요.	잘했어요.	좀더 노력해요.

□ 안에 알맞은 수를 써넣으세요. (5~13)

5 1000이 3개, 100이 4개, 10이 5개, 1이 2개이면 3452 라 씁니다.

6 1000이 2개, 100이 8개, 10이 7개, 1이 5개 이면 2875

7 1000이 8개, 100이 4개, 10이 3개, 1이 9개 이면 8439

8 1000이 5개, 100이 8개, 10이 3개, 1이 4개 이면 5834

9 1000이 6개, 100이 0개, 10이 3개, 1이 8개 이면 6038

10 7842는
1000이 7개
100이 8개
10이 4개
1이 2개

11 8936은
1000이 8개
100이 9개
10이 3개
1이 6개

12 5390은
1000이 5개
100이 3개
10이 9개
1이 0개

13 9086은
1000이 9개
100이 0개
10이 8개
1이 6개

2 네 자리 수 알아보기(2)

학습 날짜 월 일

□ 안에 알맞은 수를 쓰고 읽어 보세요. (1~6)

1
천	백	십	일
4	2	5	9
→ 4259 는 사천이백오십구 라고 읽습니다.

2
천	백	십	일
6	4	9	2
→ 6492 는 육천사백구십이 라고 읽습니다.

3
천	백	십	일
9	3	8	4
→ 9384 는 구천삼백팔십사 라고 읽습니다.

4
천	백	십	일
7	1	3	0
→ 7130 은 칠천백삼십 이라고 읽습니다.

5
천	백	십	일
5	7	0	9
→ 5709 는 오천칠백구 라고 읽습니다.

6
천	백	십	일
2	0	8	3
→ 2083 은 이천팔십삼 이라고 읽습니다.

계산은 빠르고 정확하게!

걸린 시간	1~5분	5~8분	8~10분
맞은 개수	20~22개	16~19개	1~15개
평가	참 잘했어요.	잘했어요.	좀더 노력해요.

수로 나타내 보세요. (7~22)

7 삼천칠백삼십오 → 3735
8 천구백이십사 → 1924
9 사천이백구십칠 → 4297
10 오천육백십칠 → 5617
11 칠천팔백오십육 → 7856
12 천삼백이십일 → 1321
13 육천사백구 → 6409
14 팔천백십육 → 8116
15 천백오십칠 → 1157
16 육천이백십오 → 6215
17 오천사십삼 → 5043
18 육천칠백삼십 → 6730
19 칠천오백 → 7500
20 삼천팔십구 → 3089
21 천오십사 → 1054
22 팔천오십 → 8050

3 자릿값 알아보기 (1)

월 일

네 자리 수 3284에서 자릿값 알아보기

천의 자리	백의 자리	십의 자리	일의 자리
3	2	8	4

↓

3	0	0	0
	2	0	0
		8	0
			4

⇐ 천의 자리 숫자 3은 3000
⇐ 백의 자리 숫자 2는 200
⇐ 십의 자리 숫자 8은 80
⇐ 일의 자리 숫자 4는 4를 나타냅니다.

➡ 3284＝3000＋200＋80＋4

🕐 2876이 되도록 수 모형을 놓았습니다. □ 안에 알맞은 수를 써넣으세요. (1~5)

천 모형	백 모형	십 모형	일 모형

1 2876에서 숫자 **2**가 나타내는 값은 2000 입니다.

2 2876에서 숫자 **8**이 나타내는 값은 800 입니다.

3 2876에서 숫자 **7**이 나타내는 값은 70 입니다.

4 2876에서 숫자 **6**이 나타내는 값은 6 입니다.

5 2876＝ 2000 ＋ 800 ＋ 70 ＋ 6

계산은 빠르고 정확하게!

걸린 시간	1~3분	3~5분	5~7분
맞은 개수	10~11개	7~9개	1~6개
평가	참 잘했어요.	잘했어요.	좀더 노력해요.

🕐 □ 안에 알맞은 수를 써넣으세요. (6~11)

6 4528에서

천의 자리	백의 자리	십의 자리	일의 자리
4	5	2	8

↓

4	0	0	0
	5	0	0
		2	0
			8

천의 자리 숫자 4는 4000 을 나타냅니다.
백의 자리 숫자 5는 500 을 나타냅니다.
십의 자리 숫자 2는 20 을 나타냅니다.
일의 자리 숫자 8은 8 을 나타냅니다.

7 5416에서

천의 자리	백의 자리	십의 자리	일의 자리
5	4	1	6

↓

5	0	0	0
	4	0	0
		1	0
			6

천의 자리 숫자 5는 5000 을 나타냅니다.
백의 자리 숫자 4는 400 을 나타냅니다.
십의 자리 숫자 1은 10 을 나타냅니다.
일의 자리 숫자 6은 6 을 나타냅니다.

8 천의 자리 숫자가 3
백의 자리 숫자가 4
십의 자리 숫자가 7
일의 자리 숫자가 6 이면 3476

9 천의 자리 숫자가 6
백의 자리 숫자가 9
십의 자리 숫자가 3
일의 자리 숫자가 5 이면 6935

10 천의 자리 숫자가 7
백의 자리 숫자가 0
십의 자리 숫자가 4
일의 자리 숫자가 9 이면 7049

11 천의 자리 숫자가 4
백의 자리 숫자가 6
십의 자리 숫자가 9
일의 자리 숫자가 0 이면 4690

3 자릿값 알아보기 (2)

월 일

🕐 □ 안에 알맞은 수를 써넣으세요. (1~4)

1 3657에서
천의 자리 숫자 3 은 3000 을 나타냅니다.
백의 자리 숫자 6 은 600 을 나타냅니다.
십의 자리 숫자 5 는 50 을 나타냅니다.
일의 자리 숫자 7 은 7 을 나타냅니다.

2 8196에서
천의 자리 숫자 8 은 8000 을 나타냅니다.
백의 자리 숫자 1 은 100 을 나타냅니다.
십의 자리 숫자 9 는 90 을 나타냅니다.
일의 자리 숫자 6 은 6 을 나타냅니다.

3 6935에서
천의 자리 숫자 6 은 6000 을 나타냅니다.
백의 자리 숫자 9 는 900 을 나타냅니다.
십의 자리 숫자 3 은 30 을 나타냅니다.
일의 자리 숫자 5 는 5 를 나타냅니다.

4 7403에서
천의 자리 숫자 7 은 7000 을 나타냅니다.
백의 자리 숫자 4 는 400 을 나타냅니다.
십의 자리 숫자 0 은 0 을 나타냅니다.
일의 자리 숫자 3 은 3 을 나타냅니다.

계산은 빠르고 정확하게!

걸린 시간	1~3분	3~5분	5~7분
맞은 개수	8~9개	6~7개	1~5개
평가	참 잘했어요.	잘했어요.	좀더 노력해요.

🕐 □ 안에 알맞은 수를 써넣으세요. (5~9)

5 2534 ➡

천의 자리	백의 자리	십의 자리	일의 자리
2	5	3	4

2534＝2000＋ 500 ＋ 30 ＋ 4

6 5872 ➡

천의 자리	백의 자리	십의 자리	일의 자리
5	8	7	2

5872＝ 5000 ＋ 800 ＋ 70 ＋ 2

7 4823 ➡

천의 자리	백의 자리	십의 자리	일의 자리
4	8	2	3

4823＝ 4000 ＋ 800 ＋ 20 ＋ 3

8 6802 ➡

천의 자리	백의 자리	십의 자리	일의 자리
6	8	0	2

6802＝ 6000 ＋ 800 ＋ 0 ＋ 2

9 7018 ➡

천의 자리	백의 자리	십의 자리	일의 자리
7	0	1	8

7018＝ 7000 ＋ 0 ＋ 10 ＋ 8

4 뛰어 세기(1)

- 1000씩 뛰어 세기 : 2500 — 3500 — 4500 — 5500 — 6500
- 100씩 뛰어 세기 : 4206 — 4306 — 4406 — 4506 — 4606
- 10씩 뛰어 세기 : 8520 — 8530 — 8540 — 8550 — 8560
- 1씩 뛰어 세기 : 3425 — 3426 — 3427 — 3428 — 3429

계산은 빠르고 정확하게!

걸린 시간	1~4분	4~6분	6~8분
맞은 개수	10~11개	7~9개	1~6개
평가	참 잘했어요.	잘했어요.	좀더 노력해요.

🕐 1000원짜리, 100원짜리, 10원짜리, 1원짜리가 있습니다. 세어 보고 □ 안에 알맞은 수를 써넣으세요. (1~4)

1 1000원짜리를 하나씩 세어 보시오.

1000 — 2000 — 3000 — 4000 — 5000 — 6000

2 1000원짜리를 먼저 세고, 100원짜리를 하나씩 세어 보시오.

6100 — 6200 — 6300 — 6400 — 6500 — 6600
— 6700 — 6800 — 6900

3 1000원짜리와 100원짜리를 먼저 세고, 10원짜리를 하나씩 세어 보시오.

6910 — 6920 — 6930 — 6940 — 6950

4 1000원짜리, 100원짜리, 10원짜리를 먼저 세고, 1원짜리를 하나씩 세어 보시오.

6951 — 6952 — 6953 — 6954 — 6955 — 6956

🕐 뛰어 세어 보세요. (5~11)

5 [100씩 뛰어 세기]

4230 — 4330 — 4430 — 4530 — 4630 — 4730 — 4830

6 [1씩 뛰어 세기]

2455 — 2456 — 2457 — 2458 — 2459 — 2460 — 2461

7 [1000씩 뛰어 세기]

2740 — 3740 — 4740 — 5740 — 6740 — 7740 — 8740

8 [10씩 뛰어 세기]

3460 — 3470 — 3480 — 3490 — 3500 — 3510 — 3520

9 [50씩 뛰어 세기]

6250 — 6300 — 6350 — 6400 — 6450 — 6500 — 6550

10 [5씩 뛰어 세기]

1450 — 1455 — 1460 — 1465 — 1470 — 1475 — 1480

11 [2씩 뛰어 세기]

3750 — 3752 — 3754 — 3756 — 3758 — 3760 — 3762

4 뛰어 세기(2)

계산은 빠르고 정확하게!

걸린 시간	1~5분	5~8분	8~10분
맞은 개수	18~20개	14~17개	1~13개
평가	참 잘했어요.	잘했어요.	좀더 노력해요.

🕐 몇씩 뛰어 센 것인지 알아보고 □ 안에 알맞은 수를 써넣으세요. (1~12)

1 3527 — 3528 — 3529 — 3530
[1]씩

2 2532 — 2542 — 2552 — 2562
[10]씩

3 4328 — 4428 — 4528 — 4628
[100]씩

4 3647 — 4647 — 5647 — 6647
[1000]씩

5 1532 — 1582 — 1632 — 1682
[50]씩

6 2477 — 2482 — 2487 — 2492
[5]씩

7 2445 — 2945 — 3445 — 3945
[500]씩

8 3214 — 3216 — 3218 — 3220
[2]씩

9 5712 — 5715 — 5718 — 5721
[3]씩

10 1324 — 1328 — 1332 — 1336
[4]씩

11 2520 — 2540 — 2560 — 2580
[20]씩

12 3225 — 3250 — 3275 — 3300
[25]씩

🕐 규칙에 따라 뛰어 세어 보세요. (13~20)

13 3425 — 3525 — 3625 — 3725 — 3825 — 3925 — 4025

14 4660 — 4670 — 4680 — 4690 — 4700 — 4710 — 4720

15 3840 — 4840 — 5840 — 6840 — 7840 — 8840 — 9840

16 1674 — 1675 — 1676 — 1677 — 1678 — 1679 — 1680

17 2450 — 2455 — 2460 — 2465 — 2470 — 2475 — 2480

18 1826 — 1828 — 1830 — 1832 — 1834 — 1836 — 1838

19 2424 — 2428 — 2432 — 2436 — 2440 — 2444 — 2448

20 5125 — 5150 — 5175 — 5200 — 5225 — 5250 — 5275

5 두 수의 크기 비교하기(1)

학습 날짜
월
일

네 자리 수의 크기를 비교할 때에는 천의 자리, 백의 자리, 십의 자리, 일의 자리 숫자를 차례로 비교합니다.

천의 자리	백의 자리	십의 자리	일의 자리
6748<7410	8329>8109	5492>5463	3215<3218
└6<7┘	└3>1┘	└9>6┘	└5<8┘

⏰ 두 수의 크기를 비교하여 ○ 안에 >, <를 알맞게 써넣으세요. (1~3)

1

5400
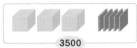
4700

5400 > 4700

2
3400

3500

3400 < 3500

3
2330

2320

2330 > 2320

계산은 빠르고 정확하게!

걸린 시간	1~3분	3~5분	5~7분
맞은 개수	8~9개	6~7개	1~5개
평가	참 잘했어요.	잘했어요.	좀더 노력해요.

⏰ 두 수의 크기를 비교하여 ○ 안에 >, <를 알맞게 써넣으세요. (4~9)

4
4600 4700 4800 4900 5000 5100 5200 5300

4900 < 5100   5000 > 4700

5
1914 2014 2114 2214 2314 2414 2514 2614

2014 < 2314   2514 > 2114

6
3230 3240 3250 3260 3270 3280 3290 3300

3250 < 3280   3290 > 3240

7
4700 4800 4900 5000 5100 5200 5300 5400

4900 < 5200   5000 > 4800

8
2812 2912 3012 3112 3212 3312 3412 3512

2912 < 3012   3412 > 3112

9
2140 2150 2160 2170 2180 2190 2200 2210

2160 < 2190   2210 > 2190

5 두 수의 크기 비교하기(2)

학습 날짜
월 일

⏰ 두 수 사이의 관계를 >, <를 써서 나타내 보세요. (1~8)

1 8360은 2798보다 큽니다. ➡ 8360>2798

2 3844는 5530보다 작습니다. ➡ 3844<5530

3 2478은 2259보다 큽니다. ➡ 2478>2259

4 3088은 3100보다 작습니다. ➡ 3088<3100

5 3283은 2985보다 큽니다. ➡ 3283>2985

6 2532는 2537보다 작습니다. ➡ 2532<2537

7 4678은 4447보다 큽니다. ➡ 4678>4447

8 6017은 6107보다 작습니다. ➡ 6017<6107

계산은 빠르고 정확하게!

걸린 시간	1~4분	4~6분	6~8분
맞은 개수	15~16개	12~14개	1~11개
평가	참 잘했어요.	잘했어요.	좀더 노력해요.

⏰ □ 안에 알맞은 수나 말을 써넣으세요. (9~16)

9 2453<2457 ➡ 2453은 2457보다 작습니다.

10 3014>2932 ➡ 3014는 2932보다 큽니다.

11 4253<5312 ➡ 4253은 5312보다 작습니다.

12 5532>5509 ➡ 5532는 5509보다 큽니다.

13 1924<2011 ➡ 1924 는 2011 보다 작습니다.

14 2314>2310 ➡ 2314 는 2310 보다 큽니다.

15 3495<3625 ➡ 3495 는 3625 보다 작습니다.

16 2746>2728 ➡ 2746 은 2728 보다 큽니다.

5 두 수의 크기 비교하기(3)

학습 날짜
월 일

⏰ 두 수의 크기를 비교하여 ○ 안에 >, <를 알맞게 써넣으세요. (1~16)

1 3895 < 4895

2 1904 > 1899

3 5930 < 7410

4 5829 > 5488

5 3247 < 3249

6 3670 < 3980

7 6462 > 5469

8 6804 < 6813

9 2898 > 2896

10 3807 > 2898

11 6920 > 6470

12 5629 < 5735

13 2897 < 3477

14 2560 < 2650

15 5464 > 5438

16 6703 < 6730

계산은 빠르고 정확하게!

걸린 시간	1~8분	8~10분	10~12분
맞은 개수	26~28개	20~25개	1~19개
평가	참 잘했어요.	잘했어요.	좀더 노력해요.

⏰ □ 안에 넣을 수 있는 숫자를 모두 골라 ○표 하세요. (17~28)

17 334□ > 3343
(1 . 2 . 3 .④.⑤)

18 7095 < 709□
(5 .⑥.⑦.⑧.⑨)

19 3324 < 3□28
(1 . 2 .③.④.⑤)

20 25□5 > 2574
(5 . 6 .⑦.⑧.⑨)

21 529□ > 5296
(5 . 6 .⑦.⑧.⑨)

22 6729 < 6□88
(5 . 6 .⑦.⑧.⑨)

23 334□ > 3343
(1 . 2 . 3 .④.⑤)

24 8095 < 809□
(5 .⑥.⑦.⑧.⑨)

25 2325 < 2□23
(1 . 2 . 3 .④.⑤)

26 35□5 < 3578
(⑤.⑥.⑦. 8 . 9)

27 429□ > 4298
(5 . 6 . 7 . 8 .⑨)

28 6729 > 6□80
(⑤.⑥. 7 . 8 . 9)

6 신기한 연산

학습 날짜
월 일

⏰ 4장의 수 카드를 모두 사용하여 네 자리 수를 만들 때 □ 안에 알맞은 수를 써넣으세요. (1~5)

1 1 2 3 4
가장 큰 수: 4321   두 번째 큰 수: 4312
가장 작은 수: 1234   두 번째 작은 수: 1243

2 2 5 4 9
가장 큰 수: 9542   두 번째 큰 수: 9524
가장 작은 수: 2459   두 번째 작은 수: 2495

3 3 6 5 8
가장 큰 수: 8653   두 번째 큰 수: 8635
가장 작은 수: 3568   두 번째 작은 수: 3586

4 0 3 5 7
가장 큰 수: 7530   두 번째 큰 수: 7503
가장 작은 수: 3057   두 번째 작은 수: 3075
주의 숫자 0은 맨 앞 자리에 놓일 수 없습니다.

5 0 8 4 6
가장 큰 수: 8640   두 번째 큰 수: 8604
가장 작은 수: 4068   두 번째 작은 수: 4086

계산은 빠르고 정확하게!

걸린 시간	1~10분	10~15분	15~20분
맞은 개수	5~6개	3~4개	1~2개
평가	참 잘했어요.	잘했어요.	좀더 노력해요.

6 친구와 짝이 되어 수 카드를 이용하여 수 알아맞히기 게임을 하려고 합니다. 이 게임에서 이길 수 있는 방법을 생각해 보세요.

(준비물)
0~9까지의 수 카드 1벌

(게임 방법)
❶ 두 사람이 함께 게임을 합니다.
❷ 수 카드를 잘 섞어 두 사람 사이에 숫자가 보이지 않도록 뒤집어 놓은 후 각자 수 카드를 4장씩 가져옵니다.
❸ 각자 가져온 수 카드를 상대방에게 보여 준 다음 상대방이 보지 못하게 수 카드를 이용하여 네 자리 수를 만듭니다.
❹ 가위바위보를 하여 이긴 사람부터 번갈아가며 상대방이 만들 수 있는 네 자리 수를 하나씩 부릅니다. 이때 만든 수가 부른 수보다 크면 '높음'이라고 말하고, 작으면 '낮음'이라고 말합니다.
❺ 이와 같은 방법으로 상대방이 만든 네 자리 수를 먼저 알아맞힌 사람이 이깁니다.

예: 처음에 말할 때 네 장의 수 카드로 만들 수 있는 수 중에서 중간 크기의 수를 말하는 것이 중요하다. 이와 같은 방식으로 중간의 수를 말하여 이 수보다 높고 낮음을 알아내어 수를 맞히면 이길 수 있다.

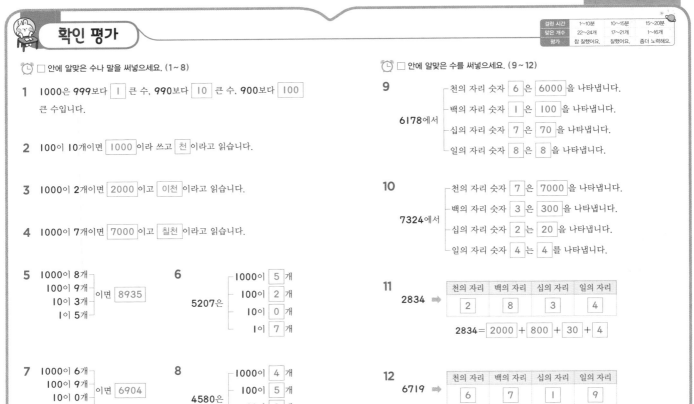

확인 평가

□ 안에 알맞은 수나 말을 써넣으세요. (1~8)

걸린 시간	1~10분	10~15분	15~20분
맞은 개수	22~24개	17~21개	1~16개
평가	참 잘했어요.	잘했어요.	좀더 노력해요.

1 1000은 999보다 **1** 큰 수, 990보다 **10** 큰 수, 900보다 **100** 큰 수입니다.

2 100이 10개이면 **1000** 이라 쓰고 **천** 이라고 읽습니다.

3 1000이 2개이면 **2000** 이고 **이천** 이라고 읽습니다.

4 1000이 7개이면 **7000** 이고 **칠천** 이라고 읽습니다.

5 1000이 8개
100이 9개
10이 3개
1이 5개 ᅵ이면 **8935**

6 5207은
1000이 **5** 개
100이 **2** 개
10이 **0** 개
1이 **7** 개

7 1000이 6개
100이 9개
10이 0개
1이 4개 ᅵ이면 **6904**

8 4580은
1000이 **4** 개
100이 **5** 개
10이 **8** 개
1이 **0** 개

□ 안에 알맞은 수를 써넣으세요. (9~12)

9 6178에서
천의 자리 숫자 **6** 은 **6000** 을 나타냅니다.
백의 자리 숫자 **1** 은 **100** 을 나타냅니다.
십의 자리 숫자 **7** 은 **70** 을 나타냅니다.
일의 자리 숫자 **8** 은 **8** 을 나타냅니다.

10 7324에서
천의 자리 숫자 **7** 은 **7000** 을 나타냅니다.
백의 자리 숫자 **3** 은 **300** 을 나타냅니다.
십의 자리 숫자 **2** 는 **20** 을 나타냅니다.
일의 자리 숫자 **4** 는 **4** 를 나타냅니다.

11 2834 ➡

천의 자리	백의 자리	십의 자리	일의 자리
2	8	3	4

2834 = **2000** + **800** + **30** + **4**

12 6719 ➡

천의 자리	백의 자리	십의 자리	일의 자리
6	7	1	9

6719 = **6000** + **700** + **10** + **9**

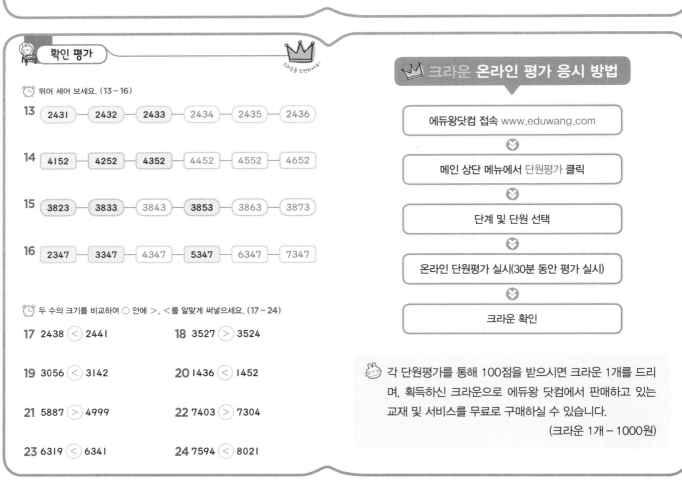

확인 평가

뛰어 세어 보세요. (13~16)

13 2431 — 2432 — 2433 — 2434 — 2435 — 2436

14 4152 — 4252 — 4352 — 4452 — 4552 — 4652

15 3823 — 3833 — 3843 — 3853 — 3863 — 3873

16 2347 — 3347 — 4347 — 5347 — 6347 — 7347

두 수의 크기를 비교하여 ○ 안에 >, <를 알맞게 써넣으세요. (17~24)

17 2438 **<** 2441

18 3527 **>** 3524

19 3056 **<** 3142

20 1436 **<** 1452

21 5887 **>** 4999

22 7403 **>** 7304

23 6319 **<** 6341

24 7594 **<** 8021

크라운 온라인 평가 응시 방법

에듀왕닷컴 접속 www.eduwang.com
⬇
메인 상단 메뉴에서 단원평가 클릭
⬇
단계 및 단원 선택
⬇
온라인 단원평가 실시(30분 동안 평가 실시)
⬇
크라운 확인

각 단원평가를 통해 100점을 받으시면 크라운 1개를 드리며, 획득하신 크라운으로 에듀왕 닷컴에서 판매하고 있는 교재 및 서비스를 무료로 구매하실 수 있습니다.

(크라운 1개 – 1000원)

❷ 세 자리 수와 두 자리 수의 덧셈과 뺄셈 P 36~39

1 일의 자리에서 받아올림이 있는 (세 자리수)+(두 자리 수)(1)

월 일

245+38의 계산

① 일의 자리의 숫자끼리의 합이 10이거나 10보다 크면 10은 십의 자리로 받아올림하여 십의 자리 위에 작게 1로 나타내고 남은 수는 일의 자리에 씁니다.
② 받아올림한 1과 십의 자리의 숫자끼리의 합을 십의 자리에 씁니다.
③ 백의 자리의 숫자는 그대로 씁니다.

〈세로셈〉
```
  2 4 5
+   3 8
  2 8 3
```
〈가로셈〉
245 + 38 = 283

계산을 하세요. (1~9)

1. 327 + 45 = 372
2. 436 + 27 = 463
3. 548 + 23 = 571
4. 614 + 29 = 643
5. 755 + 37 = 792
6. 849 + 49 = 898
7. 25 + 438 = 463
8. 43 + 329 = 372
9. 56 + 526 = 582

계산은 빠르고 정확하게!

걸린 시간	1~6분	6~9분	9~12분
맞은 개수	22~24개	17~21개	1~16개
평가	참 잘했어요.	잘했어요.	좀더 노력해요.

계산을 하세요. (10~24)

10. 229 + 35 = 264
11. 444 + 39 = 483
12. 317 + 56 = 373
13. 465 + 28 = 493
14. 528 + 47 = 575
15. 616 + 74 = 690
16. 753 + 38 = 791
17. 936 + 15 = 951
18. 827 + 17 = 844
19. 37 + 234 = 271
20. 26 + 345 = 371
21. 48 + 219 = 267
22. 27 + 429 = 456
23. 28 + 527 = 555
24. 19 + 647 = 666

---

1 일의 자리에서 받아올림이 있는 (세 자리수)+(두 자리 수)(2)

월 일

계산은 빠르고 정확하게!

걸린 시간	1~10분	10~15분	15~20분
맞은 개수	29~32개	23~28개	1~22개
평가	참 잘했어요.	잘했어요.	좀더 노력해요.

계산을 하세요. (1~16)

1. 357 + 28 = 385
2. 146 + 38 = 184
3. 235 + 49 = 284
4. 419 + 65 = 484
5. 524 + 27 = 551
6. 628 + 37 = 665
7. 763 + 28 = 791
8. 848 + 26 = 874
9. 853 + 27 = 880
10. 937 + 39 = 976
11. 727 + 36 = 763
12. 636 + 25 = 661
13. 555 + 27 = 582
14. 428 + 38 = 466
15. 357 + 19 = 376
16. 529 + 26 = 555

계산을 하세요. (17~32)

17. 27 + 235 = 262
18. 38 + 254 = 292
19. 49 + 324 = 373
20. 52 + 319 = 371
21. 63 + 417 = 480
22. 74 + 408 = 482
23. 25 + 518 = 543
24. 36 + 629 = 665
25. 47 + 734 = 781
26. 58 + 527 = 585
27. 69 + 618 = 687
28. 72 + 609 = 681
29. 46 + 728 = 774
30. 54 + 817 = 871
31. 36 + 426 = 462
32. 29 + 349 = 378

B-3 9

1 일의 자리에서 받아올림이 있는 (세 자리수)+(두 자리 수)(3)

학습 날짜 월 일

계산은 빠르고 정확하게!

걸린 시간	1~10분	10~15분	15~20분
맞은 개수	28~31개	22~27개	1~21개
평가	참 잘했어요	잘했어요	좀더 노력해요

계산을 하세요. (1~15)

1
```
  4 2 5
+   1 6
------
  4 4 1
```

2
```
  3 3 4
+   2 8
------
  3 6 2
```

3
```
  4 2 8
+   3 8
------
  4 6 6
```

4
```
  3 6 9
+   2 5
------
  3 9 4
```

5
```
  5 1 7
+   2 7
------
  5 4 4
```

6
```
  4 5 4
+   1 9
------
  4 7 3
```

7
```
  2 5 6
+   3 7
------
  2 9 3
```

8
```
  6 2 9
+   3 6
------
  6 6 5
```

9
```
  7 4 7
+   4 8
------
  7 9 5
```

10
```
    4 9
+ 2 3 5
------
  2 8 4
```

11
```
    5 6
+ 3 1 7
------
  3 7 3
```

12
```
    3 9
+ 3 2 7
------
  3 6 6
```

13
```
    3 7
+ 3 4 9
------
  3 8 6
```

14
```
    4 5
+ 2 1 9
------
  2 6 4
```

15
```
    5 4
+ 3 2 8
------
  3 8 2
```

계산을 하세요. (16~31)

16 $473+17=$ 490

17 $329+32=$ 361

18 $264+29=$ 293

19 $417+14=$ 431

20 $536+26=$ 562

21 $348+27=$ 375

22 $426+38=$ 464

23 $544+28=$ 572

24 $34+259=$ 293

25 $46+327=$ 373

26 $29+253=$ 282

27 $15+428=$ 443

28 $37+438=$ 475

29 $38+229=$ 267

30 $53+328=$ 381

31 $49+517=$ 566

1 일의 자리에서 받아올림이 있는 (세 자리수)+(두 자리 수)(4)

학습 날짜 월 일

계산은 빠르고 정확하게!

걸린 시간	1~6분	6~9분	9~12분
맞은 개수	18~20개	14~17개	1~13개
평가	참 잘했어요	잘했어요	좀더 노력해요

□ 안에 알맞은 수를 써넣으세요. (1~10)

1 419 →+27→ 446

2 328 →+36→ 364

3 517 →+45→ 562

4 636 →+54→ 690

5 725 →+39→ 764

6 834 →+48→ 882

7 59 →+323→ 382

8 48 →+425→ 473

9 37 →+517→ 554

10 26 →+636→ 662

빈 곳에 알맞은 수를 써넣으세요. (11~20)

11 474 →(+18)→ 492

12 328 →(+33)→ 361

13 265 →(+28)→ 293

14 416 →(+15)→ 431

15 527 →(+25)→ 552

16 349 →(+26)→ 375

17 35 →(+258)→ 293

18 47 →(+328)→ 375

19 29 →(+365)→ 394

20 16 →(+418)→ 434

2 십의 자리에서 받아올림이 있는 (세 자리 수)+(두 자리 수)(1)

월 일

✿ 293+45의 계산

(1) 일의 자리의 숫자끼리의 합을 일의 자리에 씁니다.
(2) 십의 자리의 숫자끼리의 합이 10이거나 10보다 크면 10은 백의 자리로 받아올림하여 백의 자리 위에 작게 1로 나타내고, 남은 수는 십의 자리에 씁니다.
(3) 받아올림한 1과 백의 자리 숫자의 합을 백의 자리에 씁니다.

〈세로셈〉

```
    2 9 3
+     4 5
    3 3 8
```

〈가로셈〉

2 9 3 + 4 5 = 3 3 8

계산을 하세요. (1~9)

```
1      3 5 7       2      4 6 3       3      2 7 2
    +    6 2          +    6 5          +    7 5
       4 1 9             5 2 8             3 4 7

4      4 8 1       5      5 9 4       6      6 4 2
    +    7 3          +    5 3          +    9 3
       5 5 4             6 4 7             7 3 5

7        3 2       8        5 3       9        7 4
    + 3 9 4          + 4 8 2          + 5 9 4
       4 2 6             5 3 5             6 6 8
```

계산은 빠르고 정확하게!

걸린 시간	1~6분	6~9분	9~12분
맞은 개수	22~24개	17~21개	1~16개
평가	참 잘했어요.	잘했어요.	좀더 노력해요.

계산을 하세요. (10~24)

```
10     2 4 8      11     5 6 4      12     3 8 3
    +    8 1          +    5 2          +    7 2
       3 2 9             6 1 6             4 5 5

13     4 7 5      14     6 9 2      15     5 4 1
    +    9 3          +    6 5          +    7 3
       5 6 8             7 5 7             6 1 4

16     6 6 6      17     7 8 5      18     8 9 4
    +    8 2          +    8 4          +    5 1
       7 4 8             8 6 9             9 4 5

19       4 2      20       5 3      21       6 4
    + 2 9 1          + 3 7 2          + 4 8 4
       3 3 3             4 2 5             5 4 8

22       7 3      23       8 4      24       9 5
    + 5 6 3          + 6 9 3          + 7 6 4
       6 3 6             7 7 7             8 5 9
```

2 십의 자리에서 받아올림이 있는 (세 자리 수)+(두 자리 수)(2)

월 일

계산을 하세요. (1~16)

1 3 4 8 + 9 1 = 4 3 9
2 2 5 3 + 7 2 = 3 2 5
3 4 6 4 + 8 3 = 5 4 7
4 5 7 6 + 6 1 = 6 3 7
5 6 8 2 + 7 3 = 7 5 5
6 6 9 4 + 8 4 = 7 7 8
7 2 3 5 + 8 3 = 3 1 8
8 3 5 7 + 7 2 = 4 2 9
9 4 6 2 + 9 2 = 5 5 4
10 5 7 3 + 4 5 = 6 1 8
11 6 8 4 + 9 5 = 7 7 9
12 7 9 5 + 9 2 = 8 8 7
13 8 3 4 + 9 2 = 9 2 6
14 4 7 3 + 7 4 = 5 4 7
15 5 8 1 + 8 4 = 6 6 5
16 6 5 5 + 8 4 = 7 3 9

계산은 빠르고 정확하게!

걸린 시간	1~10분	10~15분	15~20분
맞은 개수	29~32개	23~28개	1~22개
평가	참 잘했어요.	잘했어요.	좀더 노력해요.

계산을 하세요. (17~32)

17 2 3 + 2 9 4 = 3 1 7
18 3 4 + 3 9 2 = 4 2 6
19 8 7 + 4 8 1 = 5 6 8
20 9 6 + 5 7 2 = 6 6 8
21 4 5 + 6 6 2 = 7 0 7
22 5 6 + 5 5 1 = 6 0 7
23 2 1 + 4 9 6 = 5 1 7
24 3 2 + 5 8 3 = 6 1 5
25 6 7 + 6 7 1 = 7 3 8
26 7 8 + 7 7 1 = 8 4 9
27 4 3 + 5 8 4 = 6 2 7
28 5 4 + 6 6 2 = 7 1 6
29 7 3 + 7 8 2 = 8 5 5
30 9 5 + 3 9 4 = 4 8 9
31 6 5 + 4 8 2 = 5 4 7
32 7 6 + 5 9 3 = 6 6 9

2 십의 자리에서 받아올림이 있는 (세 자리 수)+(두 자리 수)(3)

월 일

계산은 빠르고 정확하게!

걸린 시간	1~10분	10~15분	15~20분
맞은 개수	28~31개	22~27개	1~21개
평가	참 잘했어요.	잘했어요.	좀더 노력해요.

🕐 계산을 하세요. (1~15)

1
```
  1 4 5
+   8 2
-------
  2 2 7
```

2
```
  2 5 3
+   9 3
-------
  3 4 6
```

3
```
  3 6 2
+   7 1
-------
  4 3 3
```

4
```
  4 7 1
+   8 4
-------
  5 5 5
```

5
```
  5 8 4
+   2 3
-------
  6 0 7
```

6
```
  6 9 5
+   7 1
-------
  7 6 6
```

7
```
  7 3 5
+   9 3
-------
  8 2 8
```

8
```
  8 4 2
+   7 2
-------
  9 1 4
```

9
```
  4 5 4
+   8 4
-------
  5 3 8
```

10
```
    4 3
+ 3 9 2
-------
  4 3 5
```

11
```
    5 4
+ 4 7 3
-------
  5 2 7
```

12
```
    6 5
+ 5 8 1
-------
  6 4 6
```

13
```
    7 6
+ 6 9 3
-------
  7 6 9
```

14
```
    8 7
+ 7 8 1
-------
  8 6 8
```

15
```
    9 2
+ 8 9 4
-------
  9 8 6
```

🕐 계산을 하세요. (16~31)

16 544+65= 609　　　**17** 453+82= 535

18 362+64= 426　　　**19** 271+75= 346

20 685+73= 758　　　**21** 794+85= 879

22 876+62= 938　　　**23** 563+73= 636

24 44+391= 435　　　**25** 53+484= 537

26 62+595= 657　　　**27** 71+645= 716

28 85+763= 848　　　**29** 97+892= 989

30 64+664= 728　　　**31** 73+782= 855

 2 십의 자리에서 받아올림이 있는 (세 자리 수)+(두 자리 수)(4)

월 일

계산은 빠르고 정확하게!

걸린 시간	1~6분	6~9분	9~12분
맞은 개수	18~20개	14~17개	1~13개
평가	참 잘했어요.	잘했어요.	좀더 노력해요.

🕐 □ 안에 알맞은 수를 써넣으세요. (1~10)

1
452 → +81 → 533

2
573 → +92 → 665

3
384 → +73 → 457

4
291 → +45 → 336

5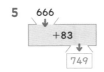
666 → +83 → 749

6
758 → +51 → 809

7
56 → +572 → 628

8
65 → +771 → 836

9
74 → +884 → 958

10
85 → +692 → 777

🕐 빈 곳에 알맞은 수를 써넣으세요. (11~20)

11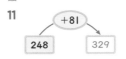
248 → +81 → 329

12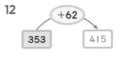
353 → +62 → 415

13
363 → +75 → 438

14
476 → +71 → 547

15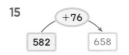
582 → +76 → 658

16
693 → +83 → 776

17
92 → +491 → 583

18
84 → +325 → 409

19
73 → +282 → 355

20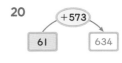
61 → +573 → 634

3 받아올림이 두 번 있는 (세 자리 수)+(두 자리 수)(1)

월 일

🌟 345+67의 계산

(1) 일의 자리의 숫자끼리의 합이 10이거나 10보다 크면 10은 십의 자리로 받아올림하여 십의 자리 위에 작게 1로 나타내고 남은 수는 일의 자리에 씁니다.

(2) 받아올림한 1과 십의 자리의 숫자끼리의 합이 10이거나 10보다 크면 10은 백의 자리로 받아올림하여 백의 자리 위에 작게 1로 나타내고 남은 수는 십의 자리에 씁니다.

(3) 받아올림한 1과 백의 자리 숫자의 합을 백의 자리에 씁니다.

〈세로셈〉
```
  3 4 5
+   6 7
  4 1 2
```

〈가로셈〉
$345 + 67 = 412$

⏰ 계산을 하세요. (1~6)

1.
```
  2 5 3
+   7 7
  3 3 0
```

2.
```
  3 7 5
+   6 7
  4 4 2
```

3.
```
  4 8 4
+   5 8
  5 4 2
```

4.
```
    5 9
+ 5 9 6
  6 5 5
```

5.
```
    4 5
+ 6 6 8
  7 1 3
```

6.
```
    8 3
+ 7 4 9
  8 3 2
```

계산은 빠르고 정확하게!

걸린 시간	1~6분	6~9분	9~12분
맞은 개수	19~21개	15~18개	1~14개
평가	참 잘했어요.	잘했어요.	좀더 노력해요.

⏰ 계산을 하세요. (7~21)

7.
```
  3 6 5
+   6 5
  4 3 0
```

8.
```
  4 5 6
+   8 6
  5 4 2
```

9.
```
  3 4 5
+   8 7
  4 3 2
```

10.
```
  4 7 9
+   8 5
  5 6 4
```

11.
```
  5 4 7
+   5 4
  6 0 1
```

12.
```
  6 7 3
+   8 9
  7 6 2
```

13.
```
  7 5 8
+   7 5
  8 3 3
```

14.
```
  7 7 6
+   6 7
  8 4 3
```

15.
```
  8 2 7
+   8 5
  9 1 2
```

16.
```
    8 9
+ 6 5 6
  7 4 5
```

17.
```
    8 7
+ 8 7 6
  9 6 3
```

18.
```
    6 4
+ 5 8 7
  6 5 1
```

19.
```
    9 9
+ 2 9 9
  3 9 8
```

20.
```
    8 8
+ 3 8 8
  4 7 6
```

21.
```
    9 5
+ 4 5 7
  5 5 2
```

3 받아올림이 두 번 있는 (세 자리 수)+(두 자리 수)(2)

월 일

⏰ 계산을 하세요. (1~16)

1. $257 + 78 = 335$
2. $386 + 64 = 450$
3. $575 + 49 = 624$
4. $474 + 59 = 533$
5. $565 + 57 = 622$
6. $727 + 96 = 823$
7. $637 + 94 = 731$
8. $735 + 68 = 803$
9. $827 + 78 = 905$
10. $494 + 99 = 593$
11. $355 + 85 = 440$
12. $256 + 66 = 322$
13. $478 + 49 = 527$
14. $726 + 88 = 814$
15. $745 + 86 = 831$
16. $595 + 95 = 690$

계산은 빠르고 정확하게!

걸린 시간	1~10분	10~15분	15~20분
맞은 개수	29~32개	23~28개	1~22개
평가	참 잘했어요.	잘했어요.	좀더 노력해요.

⏰ 계산을 하세요. (17~32)

17. $46 + 374 = 420$
18. $57 + 485 = 542$
19. $68 + 596 = 664$
20. $79 + 643 = 722$
21. $39 + 287 = 326$
22. $44 + 288 = 332$
23. $54 + 379 = 433$
24. $63 + 498 = 561$
25. $76 + 764 = 840$
26. $74 + 587 = 661$
27. $85 + 397 = 482$
28. $99 + 286 = 385$
29. $97 + 394 = 491$
30. $86 + 576 = 662$
31. $77 + 777 = 854$
32. $88 + 888 = 976$

3 받아올림이 두 번 있는 (세 자리 수)+(두 자리 수)(3)

월 일

계산은 빠르고 정확하게!

걸린 시간	1~10분	10~15분	15~20분
맞은 개수	28~31개	22~27개	1~21개
평가	참 잘했어요.	잘했어요.	좀더 노력해요.

계산을 하세요. (1~15)

1
```
  3 7 3
+   6 7
-------
  4 4 0
```

2
```
  4 8 4
+   4 8
-------
  5 3 2
```

3
```
  5 7 6
+   6 6
-------
  6 4 2
```

4
```
  4 5 7
+   5 7
-------
  5 1 4
```

5
```
  5 6 9
+   5 4
-------
  6 2 3
```

6
```
  6 7 8
+   9 7
-------
  7 7 5
```

7
```
  5 3 7
+   8 3
-------
  6 2 0
```

8
```
  6 5 9
+   7 7
-------
  7 3 6
```

9
```
  7 4 5
+   9 8
-------
  8 4 3
```

10
```
    7 6
+ 3 6 8
-------
  4 4 4
```

11
```
    8 5
+ 4 8 9
-------
  5 7 4
```

12
```
    9 6
+ 5 3 6
-------
  6 3 2
```

13
```
    5 8
+ 3 4 2
-------
  4 0 0
```

14
```
    7 4
+ 4 8 6
-------
  5 6 0
```

15
```
    8 8
+ 5 9 4
-------
  6 8 2
```

계산을 하세요. (16~31)

16 648+73= 721

17 759+84= 843

18 846+84= 930

19 575+57= 632

20 438+97= 535

21 564+89= 653

22 675+86= 761

23 727+93= 820

24 56+487= 543

25 63+597= 660

26 76+676= 752

27 88+838= 926

28 94+367= 461

29 87+568= 655

30 69+542= 611

31 98+725= 823

3 받아올림이 두 번 있는 (세 자리 수)+(두 자리 수)(4)

월 일

계산은 빠르고 정확하게!

걸린 시간	1~6분	6~9분	9~12분
맞은 개수	19~20개	16~18개	1~15개
평가	참 잘했어요.	잘했어요.	좀더 노력해요.

□ 안에 알맞은 수를 써넣으세요. (1~10)

1 876 → +76 → 952

2 765 → +65 → 830

3 654 → +68 → 722

4 558 → +79 → 637

5 486 → +95 → 581

6 399 → +88 → 487

7 99 → +299 → 398

8 87 → +389 → 476

9 75 → +428 → 503

10 63 → +577 → 640

빈 곳에 알맞은 수를 써넣으세요. (11~20)

11 367 → +76 → 443

12 476 → +87 → 563

13 587 → +89 → 676

14 536 → +64 → 600

15 693 → +58 → 751

16 747 → +74 → 821

17 68 → +493 → 561

18 58 → +769 → 827

19 74 → +587 → 661

20 85 → +637 → 722

4 받아내림이 한 번 있는 (세 자리 수)−(두 자리 수)(1)

학습 날짜
월
일

🌟 253−35의 계산

① 일의 자리의 숫자끼리 뺄 수 없으면 십의 자리에서 10을 받아내림하여 십의 자리 숫자를 지우고 1만큼 더 작은 숫자를 위에 작게 쓴 다음 일의 자리 숫자 위에 10을 작게 쓴 후 계산합니다.
② 받아내림하고 남은 숫자에서 십의 자리 숫자를 뺀 값을 십의 자리에 씁니다.
③ 백의 자리 숫자는 백의 자리에 씁니다.

〈세로셈〉　　　　〈가로셈〉

```
    4 10
  2 5 3        4 10
−   3 5      2 5 3 − 3 5 = 2 1 8
  2 1 8
```

⏰ 계산을 하세요. (1 ~ 9)

1
```
    1 10
  1 2 6
−   1 8
  1 0 8
```

2
```
    2 10
  1 3 3
−   1 6
  1 1 7
```

3
```
    5 10
  1 6 3
−   3 4
  1 2 9
```

4
```
    7 10
  2 8 4
−   5 9
  2 2 5
```

5
```
    4 10
  2 5 7
−   2 9
  2 2 8
```

6
```
    8 10
  2 9 5
−   8 8
  2 0 7
```

7
```
    8 10
  3 9 1
−   5 6
  3 3 5
```

8
```
    3 10
  3 4 8
−   2 9
  3 1 9
```

9
```
    7 10
  3 8 2
−   6 9
  3 1 3
```

⏰ 계산을 하세요. (10 ~ 24)

계산은 빠르고 정확하게!

걸린 시간	1~8분	8~12분	12~16분
맞은 개수	22~24개	17~21개	1~16개
평가	참 잘했어요.	잘했어요.	좀더 노력해요.

10
```
    1 10
  1 2 5
−   1 9
  1 0 6
```

11
```
    2 10
  1 3 2
−   1 5
  1 1 7
```

12
```
    5 10
  1 6 4
−   2 5
  1 3 9
```

13
```
    3 10
  2 4 3
−   2 7
  2 1 6
```

14
```
    4 10
  2 5 5
−   3 8
  2 1 7
```

15
```
    5 10
  2 6 1
−   2 4
  2 3 7
```

16
```
    4 10
  3 5 6
−   2 9
  3 2 7
```

17
```
    5 10
  3 6 7
−   5 8
  3 0 9
```

18
```
    6 10
  3 7 2
−   4 7
  3 2 5
```

19
```
    5 10
  4 6 4
−   3 7
  4 2 7
```

20
```
    6 10
  4 7 1
−   4 5
  4 2 6
```

21
```
    6 10
  4 7 8
−   2 9
  4 4 9
```

22
```
    6 10
  5 7 0
−   2 6
  5 3 6
```

23
```
    7 10
  5 8 3
−   2 6
  5 5 7
```

24
```
    8 10
  5 9 5
−   4 7
  5 4 8
```

4 받아내림이 한 번 있는 (세 자리 수)−(두 자리 수)(2)

학습 날짜
월　일

⏰ 계산을 하세요. (1 ~ 16)

1 $\overset{4\ 10}{1\,5\,1} − 2\,7 = 1\,2\,4$　　**2** $\overset{7\ 10}{1\,8\,3} − 3\,5 = 1\,4\,8$

3 $\overset{2\ 10}{2\,3\,4} − 2\,8 = 2\,0\,6$　　**4** $\overset{6\ 10}{2\,7\,2} − 1\,9 = 2\,5\,3$

5 $\overset{3\ 10}{3\,4\,5} − 2\,6 = 3\,1\,9$　　**6** $\overset{5\ 10}{3\,6\,6} − 3\,8 = 3\,2\,8$

7 $\overset{5\ 10}{4\,6\,7} − 4\,9 = 4\,1\,8$　　**8** $\overset{8\ 10}{4\,9\,1} − 2\,8 = 4\,6\,3$

9 $\overset{3\ 10}{5\,4\,6} − 1\,7 = 5\,2\,9$　　**10** $\overset{6\ 10}{5\,7\,3} − 3\,6 = 5\,3\,7$

11 $\overset{1\ 10}{6\,2\,5} − 1\,6 = 6\,0\,9$　　**12** $\overset{7\ 10}{6\,8\,4} − 4\,6 = 6\,3\,8$

13 $\overset{4\ 10}{7\,5\,8} − 4\,9 = 7\,0\,9$　　**14** $\overset{6\ 10}{7\,7\,2} − 3\,8 = 7\,3\,4$

15 $\overset{3\ 10}{8\,4\,4} − 2\,9 = 8\,1\,5$　　**16** $\overset{8\ 10}{8\,9\,1} − 3\,7 = 8\,5\,4$

⏰ 계산을 하세요. (17 ~ 32)

계산은 빠르고 정확하게!

걸린 시간	1~10분	10~15분	15~20분
맞은 개수	29~32개	23~28개	1~22개
평가	참 잘했어요.	잘했어요.	좀더 노력해요.

17 $\overset{2\ 10}{1\,3\,2} − 1\,6 = 1\,1\,6$　　**18** $\overset{5\ 10}{1\,6\,3} − 2\,5 = 1\,3\,8$

19 $\overset{3\ 10}{3\,4\,6} − 2\,8 = 3\,1\,8$　　**20** $\overset{6\ 10}{3\,7\,4} − 3\,7 = 3\,3\,7$

21 $\overset{2\ 10}{5\,3\,1} − 2\,2 = 5\,0\,9$　　**22** $\overset{7\ 10}{5\,8\,5} − 4\,8 = 5\,3\,7$

23 $\overset{4\ 10}{7\,5\,7} − 4\,9 = 7\,0\,8$　　**24** $\overset{6\ 10}{7\,7\,8} − 3\,9 = 7\,3\,9$

25 $\overset{5\ 10}{9\,6\,3} − 5\,8 = 9\,0\,5$　　**26** $\overset{7\ 10}{9\,8\,2} − 4\,7 = 9\,3\,5$

27 $\overset{1\ 10}{2\,2\,2} − 1\,5 = 2\,0\,7$　　**28** $\overset{8\ 10}{2\,9\,6} − 2\,9 = 2\,6\,7$

29 $\overset{5\ 10}{4\,6\,4} − 5\,6 = 4\,0\,8$　　**30** $\overset{7\ 10}{4\,8\,5} − 3\,8 = 4\,4\,7$

31 $\overset{8\ 10}{6\,9\,3} − 4\,7 = 6\,4\,6$　　**32** $\overset{6\ 10}{6\,7\,8} − 5\,9 = 6\,1\,9$

4 받아내림이 한 번 있는 (세 자리 수)-(두 자리 수)(3)

월 일

계산은 빠르고 정확하게!

⏰ 계산을 하세요. (1~15)

1
```
  1 7 4
-   2 9
─────
  1 4 5
```

2
```
  2 5 3
-   3 5
─────
  2 1 8
```

3
```
  3 3 5
-   2 7
─────
  3 0 8
```

4
```
  6 2 7
-   1 8
─────
  6 0 9
```

5
```
  5 4 1
-   2 6
─────
  5 1 5
```

6
```
  4 6 6
-   3 9
─────
  4 2 7
```

7
```
  9 5 2
-   3 6
─────
  9 1 6
```

8
```
  8 6 8
-   4 9
─────
  8 1 9
```

9
```
  7 3 4
-   1 7
─────
  7 1 7
```

10
```
  2 6 3
-   2 5
─────
  2 3 8
```

11
```
  3 4 7
-   2 8
─────
  3 1 9
```

12
```
  4 7 4
-   3 9
─────
  4 3 5
```

13
```
  5 9 1
-   5 5
─────
  5 3 6
```

14
```
  6 8 3
-   6 6
─────
  6 1 7
```

15
```
  7 9 2
-   7 7
─────
  7 1 5
```

⏰ 계산을 하세요. (16~31)

16 324−16= 308

17 448−29= 419

18 583−35= 548

19 636−28= 608

20 752−24= 728

21 875−37= 838

22 197−49= 148

23 281−53= 228

24 974−27= 947

25 838−19= 819

26 784−48= 736

27 652−37= 615

28 540−23= 517

29 475−48= 427

30 291−44= 247

31 373−26= 347

---

4 받아내림이 한 번 있는 (세 자리 수)-(두 자리 수)(4)

월 일

계산은 빠르고 정확하게!

⏰ □ 안에 알맞은 수를 써넣으세요. (1~10)

1
172 → −35 → 137

2
263 → −47 → 216

3
354 → −26 → 328

4
445 → −18 → 427

5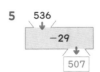
536 → −29 → 507

6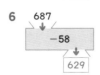
687 → −58 → 629

7
747 → −39 → 708

8
866 → −27 → 839

9
934 → −17 → 917

10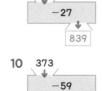
373 → −59 → 314

⏰ 빈 곳에 알맞은 수를 써넣으세요. (11~20)

11
248 → −29 → 219

12
357 → −39 → 318

13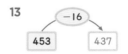
453 → −16 → 437

14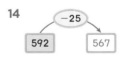
592 → −25 → 567

15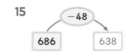
686 → −48 → 638

16
794 → −67 → 727

17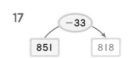
851 → −33 → 818

18
975 → −49 → 926

19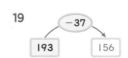
193 → −37 → 156

20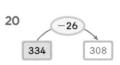
334 → −26 → 308

5 받아내림이 두 번 있는 (몇백몇십)-(두 자리 수)(1)

학습 날짜
월 일

✿ 450-72의 계산

(1) 일의 자리 숫자끼리 뺄 수 없으면 십의 자리에서 10을 받아내림하여 계산합니다.

(2) 십의 자리 숫자끼리 뺄 수 없으면 백의 자리에서 100을 받아내림하여 계산합니다.

(3) 남은 백의 자리 숫자는 백의 자리에 그대로 씁니다.

〈세로셈〉
```
  3 14 10
  4  5  0
-    7  2
  3  7  8
```

〈가로셈〉
```
3 14 10
4 5 0 - 7 2 = 3 7 8
```

계산은 빠르고 정확하게!

걸린 시간	1~8분	8~12분	12~16분
맞은 개수	22~24개	17~21개	1~16개
평가	참 잘했어요.	잘했어요.	좀더 노력해요.

⏰ 계산을 하세요. (1~9)

1
```
  1 16 10
  2  7  0
-    8  5
  1  8  5
```

2
```
  2 13 10
  3  4  0
-    6  7
  2  7  3
```

3
```
     14 10
  1   5  0
-     8  2
      6  8
```

4
```
  3 11 10
  4  2  0
-    5  4
  3  6  6
```

5
```
  5 10 10
  6  1  0
-    4  6
  5  6  4
```

6
```
  6 12 10
  7  3  0
-    7  3
  6  5  7
```

7
```
     13 10
  1   4  0
-     5  2
      8  8
```

8
```
  1 15 10
  2  6  0
-    9  1
  1  6  9
```

9
```
  2 11 10
  3  2  0
-    7  5
  2  4  5
```

⏰ 계산을 하세요. (10~24)

10
```
  3 12 10
  4  3  0
-    5  2
  3  7  8
```

11
```
  4 11 10
  5  2  0
-    6  4
  4  5  6
```

12
```
  5 13 10
  6  4  0
-    7  8
  5  6  2
```

13
```
  1 10 10
  2  1  0
-    4  5
  1  6  5
```

14
```
  2 14 10
  3  5  0
-    8  3
  2  6  7
```

15
```
  3 11 10
  4  2  0
-    7  6
  3  4  4
```

16
```
     12 10
  1   3  0
-     6  7
      6  3
```

17
```
  6 13 10
  7  4  0
-    5  9
  6  8  1
```

18
```
  5 15 10
  6  6  0
-    9  1
  5  6  9
```

19
```
  1 11 10
  2  2  0
-    4  8
  1  7  2
```

20
```
  2 13 10
  3  4  0
-    7  4
  2  6  6
```

21
```
  3 15 10
  4  6  0
-    7  2
  3  8  8
```

22
```
  4 14 10
  5  5  0
-    5  5
  4  9  5
```

23
```
  5 13 10
  6  4  0
-    7  9
  5  6  1
```

24
```
  6 12 10
  7  3  0
-    7  3
  6  5  7
```

5 받아내림이 두 번 있는 (몇백몇십)-(두 자리 수)(2)

학습 날짜
월 일

계산은 빠르고 정확하게!

걸린 시간	1~10분	10~15분	15~20분
맞은 개수	29~32개	23~28개	1~22개
평가	참 잘했어요.	잘했어요.	좀더 노력해요.

⏰ 계산을 하세요. (1~16)

1 $1\ 12\ 10$ $230-46=184$

2 $2\ 14\ 10$ $350-53=297$

3 $3\ 11\ 10$ $420-38=382$

4 $4\ 13\ 10$ $540-71=469$

5 $5\ 10\ 10$ $610-77=533$

6 $6\ 15\ 10$ $760-82=678$

7 $7\ 13\ 10$ $840-64=776$

8 $8\ 16\ 10$ $970-99=871$

9 $2\ 13\ 10$ $340-55=285$

10 $1\ 14\ 10$ $250-61=189$

11 $3\ 13\ 10$ $440-68=372$

12 $5\ 12\ 10$ $630-57=573$

13 $4\ 11\ 10$ $520-25=495$

14 $3\ 15\ 10$ $460-63=397$

15 $6\ 12\ 10$ $730-52=678$

16 $7\ 14\ 10$ $850-85=765$

⏰ 계산을 하세요. (17~32)

17 $3\ 14\ 10$ $450-75=375$

18 $2\ 11\ 10$ $320-36=284$

19 $1\ 13\ 10$ $240-82=158$

20 $4\ 14\ 10$ $550-73=477$

21 $2\ 15\ 10$ $360-63=297$

22 $3\ 10\ 10$ $410-71=339$

23 $4\ 11\ 10$ $520-84=436$

24 $5\ 15\ 10$ $660-66=594$

25 $6\ 12\ 10$ $730-81=649$

26 $1\ 14\ 10$ $250-62=188$

27 $5\ 12\ 10$ $630-56=574$

28 $5\ 16\ 10$ $670-94=576$

29 $1\ 12\ 10$ $230-83=147$

30 $6\ 16\ 10$ $770-89=681$

31 $3\ 10\ 10$ $410-29=381$

32 $7\ 13\ 10$ $840-67=773$

5 받아내림이 두 번 있는 (몇백몇십)-(두 자리 수)(3)

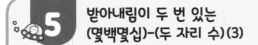

월 일

계산은 빠르고 정확하게!

걸린 시간	1~10분	10~15분	15~20분
맞은 개수	28~31개	22~27개	1~21개
평가	참 잘했어요.	잘했어요.	좀더 노력해요.

⏰ 계산을 하세요. (1~15)

1
  2 4 0
−   8 7
  1 5 3

2
  3 4 0
−   6 7
  2 7 3

3
  4 3 0
−   5 6
  3 7 4

4
  3 2 0
−   7 7
  2 4 3

5
  4 4 0
−   8 5
  3 5 5

6
  5 2 0
−   6 8
  4 5 2

7
  6 3 0
−   4 8
  5 8 2

8
  5 1 0
−   8 9
  4 2 1

9
  4 2 0
−   6 9
  3 5 1

10
  7 1 0
−   3 9
  6 7 1

11
  6 5 0
−   7 6
  5 7 4

12
  5 5 0
−   8 8
  4 6 2

13
  5 4 0
−   5 9
  4 8 1

14
  7 5 0
−   8 7
  6 6 3

15
  8 4 0
−   5 5
  7 8 5

⏰ 계산을 하세요. (16~31)

16 350−67= 283

17 420−56= 364

18 210−89= 121

19 330−54= 276

20 540−65= 475

21 620−88= 532

22 430−78= 352

23 560−87= 473

24 320−49= 271

25 440−66= 374

26 530−47= 483

27 360−63= 297

28 450−96= 354

29 510−58= 452

30 730−75= 655

31 830−39= 791

5 받아내림이 두 번 있는 (몇백몇십)-(두 자리 수)(4)

월 일

계산은 빠르고 정확하게!

걸린 시간	1~8분	8~12분	12~16분
맞은 개수	15~16개	12~14개	1~11개
평가	참 잘했어요.	잘했어요.	좀더 노력해요.

⏰ 빈칸에 알맞은 수를 써넣으세요. (1~8)

1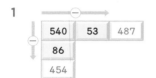

2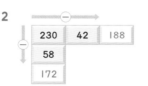

3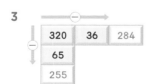

4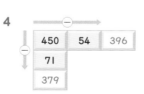

5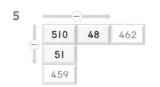

6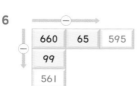

7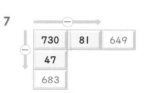

8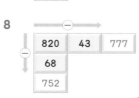

⏰ 빈칸에 알맞은 수를 써넣으세요. (9~16)

9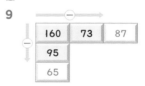

10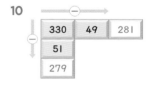

11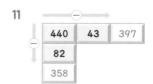

12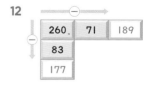

13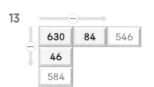

14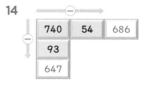

15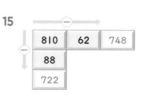

16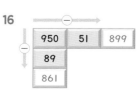

6 받아내림이 두 번 있는 (세 자리 수)-(두 자리 수)(1)

학습 날짜
월 일

✿ 235-57의 계산

① 일의 자리 숫자끼리 뺄 수 없으면 십의 자리에서 10을 받아내림하여 계산합니다.

② 십의 자리 숫자끼리 뺄 수 없으면 백의 자리에서 100을 받아내림하여 계산합니다.

③ 남은 백의 자리 숫자는 백의 자리에 그대로 씁니다.

〈세로셈〉
```
  1 12 10
  2  3  5
-    5  7
  1  7  8
```

〈가로셈〉
```
1 12 10
2 3 5 - 5 7 = 1 7 8
```

⏰ 계산을 하세요. (1~9)

1
```
  12 10
  1  3  6
-    6  9
     6  7
```

2
```
  1 10 10
  2  1  3
-    5  8
  1  5  5
```

3
```
  2 13 10
  3  4  5
-    7  7
  2  6  8
```

4
```
  3 11 10
  4  2  1
-    4  5
  3  7  6
```

5
```
  4 15 10
  5  6  4
-    8  6
  4  7  8
```

6
```
  5 12 10
  6  3  2
-    5  5
  5  7  7
```

7
```
  6 10 10
  7  1  7
-    6  8
  6  4  9
```

8
```
  7 13 10
  8  4  3
-    9  6
  7  4  7
```

9
```
  8 14 10
  9  5  5
-    7  9
  8  7  6
```

계산은 빠르고 정확하게!

걸린 시간	1~8분	8~12분	12~16분
맞은 개수	22~24개	17~21개	1~16개
평가	참 잘했어요.	잘했어요.	좀더 노력해요.

⏰ 계산을 하세요. (10~24)

10
```
  14 10
  1  5  2
-    7  6
     7  6
```

11
```
  2 13 10
  3  4  3
-    8  5
  2  5  8
```

12
```
  1 10 10
  2  1  8
-    7  9
  1  3  9
```

13
```
  2 11 10
  3  2  6
-    5  8
  2  6  8
```

14
```
  4 13 10
  5  4  7
-    8  8
  4  5  9
```

15
```
  3 12 10
  4  3  5
-    6  7
  3  6  8
```

칸

16
```
  4 14 10
  5  5  5
-    8  8
  4  6  7
```

17
```
  3 11 10
  4  2  4
-    4  8
  3  7  6
```

18
```
  5 10 10
  6  1  1
-    3  9
  5  7  2
```

19
```
  6 14 10
  7  5  3
-    8  6
  6  6  7
```

20
```
  7 15 10
  8  6  2
-    9  9
  7  6  3
```

21
```
  5 12 10
  6  3  4
-    8  7
  5  4  7
```

22
```
  4 11 10
  5  2  1
-    5  6
  4  6  5
```

23
```
  12 10
  1  3  3
-    7  5
     5  8
```

24
```
  2 13 10
  3  4  4
-    5  8
  2  8  6
```

6 받아내림이 두 번 있는 (세 자리 수)-(두 자리 수)(2)

학습 날짜
월 일

⏰ 계산을 하세요. (1~16)

1
```
1 13 10
2 4 6 - 5 7 = 1 8 9
```

2
```
2 14 10
3 5 7 - 6 9 = 2 8 8
```

3
```
1 13 10
2 4 8 - 7 9 = 1 6 9
```

4
```
4 16 10
5 7 1 - 9 5 = 4 7 6
```

5
```
1 14 10
2 5 3 - 7 6 = 1 7 7
```

6
```
2 16 10
3 7 5 - 8 8 = 2 8 7
```

7
```
3 11 10
4 2 3 - 8 5 = 3 3 8
```

8
```
4 10 10
5 1 2 - 6 7 = 4 4 5
```

9
```
4 13 10
5 4 6 - 8 9 = 4 5 7
```

10
```
5 12 10
6 3 6 - 4 8 = 5 8 8
```

11
```
5 15 10
6 6 1 - 7 8 = 5 8 3
```

12
```
4 12 10
5 3 5 - 8 7 = 4 4 8
```

13
```
6 13 10
7 4 3 - 6 6 = 6 7 7
```

14
```
5 14 10
6 5 4 - 8 5 = 5 6 9
```

15
```
3 14 10
4 5 4 - 7 9 = 3 7 5
```

16
```
2 15 10
3 6 2 - 6 5 = 2 9 7
```

계산은 빠르고 정확하게!

걸린 시간	1~10분	10~15분	15~20분
맞은 개수	29~32개	23~28개	1~22개
평가	참 잘했어요.	잘했어요.	좀더 노력해요.

⏰ 계산을 하세요. (17~32)

17
```
2 13 10
3 4 5 - 5 8 = 2 8 7
```

18
```
1 12 10
2 3 4 - 4 6 = 1 8 8
```

19
```
3 10 10
4 1 6 - 7 9 = 3 3 7
```

20
```
4 12 10
5 3 2 - 5 3 = 4 7 9
```

21
```
6 11 10
7 2 8 - 5 9 = 6 6 9
```

22
```
6 12 10
6 3 1 - 6 5 = 5 6 6
```

23
```
1 13 10
2 4 5 - 6 7 = 1 7 8
```

24
```
2 11 10
3 2 7 - 4 9 = 2 7 4
```

25
```
3 13 10
4 4 3 - 8 8 = 3 5 5
```

26
```
4 9 10
5 0 4 - 3 6 = 4 6 8
```

27
```
5 13 10
6 4 4 - 7 7 = 5 6 7
```

28
```
6 11 10
7 2 5 - 5 8 = 6 6 7
```

29
```
4 13 10
5 4 6 - 7 8 = 4 6 8
```

30
```
3 11 10
4 2 5 - 7 6 = 3 4 9
```

31
```
5 14 10
6 5 4 - 6 5 = 5 8 9
```

32
```
6 13 10
7 4 1 - 7 4 = 6 6 7
```

6 받아내림이 두 번 있는 (세 자리 수)-(두 자리 수)(3)

⏰ 계산을 하세요. (1~15)

1
```
  1 4 6
-   7 9
─────
    6 7
```

2
```
  2 5 5
-   9 7
─────
  1 5 8
```

3
```
  3 2 1
-   5 4
─────
  2 6 7
```

4
```
  4 1 6
-   3 8
─────
  3 7 8
```

5
```
  6 3 2
-   6 7
─────
  5 6 5
```

6
```
  5 2 5
-   7 8
─────
  4 4 7
```

7
```
  5 6 4
-   8 5
─────
  4 7 9
```

8
```
  3 2 5
-   6 9
─────
  2 5 6
```

9
```
  4 1 3
-   4 6
─────
  3 6 7
```

10
```
  7 0 7
-   8 9
─────
  6 1 8
```

11
```
  6 2 2
-   4 8
─────
  5 7 4
```

12
```
  5 6 3
-   7 7
─────
  4 8 6
```

13
```
  9 4 5
-   8 8
─────
  8 5 7
```

14
```
  7 3 4
-   5 8
─────
  6 7 6
```

15
```
  8 2 6
-   5 7
─────
  7 6 9
```

⏰ 계산을 하세요. (16~31)

16 145−78= 67

17 254−96= 158

18 322−55= 267

19 415−37= 378

20 634−67= 567

21 524−79= 445

22 563−84= 479

23 324−68= 256

24 412−46= 366

25 804−27= 777

26 623−49= 574

27 564−78= 486

28 946−89= 857

29 733−66= 667

30 836−48= 788

31 641−56= 585

6 받아내림이 두 번 있는 (세 자리 수)-(두 자리 수)(4)

⏰ 빈칸에 알맞은 수를 써넣으세요. (1~8)

1
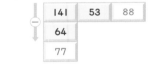

141	53	88
64		
77		

2

235	38	197
76		
159		

3

343	54	289
67		
276		

4

444	49	395
68		
376		

5

542	48	494
55		
487		

6

634	75	559
66		
568		

7

716	57	659
89		
627		

8

805	26	779
47		
758		

⏰ 빈칸에 알맞은 수를 써넣으세요. (9~16)

9

152	64	88
73		
79		

10

224	39	185
76		
148		

11

333	39	294
45		
288		

12

421	36	385
58		
363		

13

645	78	567
89		
556		

14

752	76	676
88		
664		

15

846	68	778
77		
769		

16

904	39	865
57		
847		

7 신기한 연산

월 일

계산은 빠르고 정확하게!

걸린 시간	1~10분	10~15분	15~20분
맞은 개수	27~30개	21~26개	1~20개
평가	참 잘했어요.	잘했어요.	좀더 노력해요.

□ 안에 알맞은 수를 써넣으세요. (1 ~ 15)

1
```
    3 2 7
+     9 6
  4 2 3
```

2
```
    4 4 7
+     8 7
  5 3 4
```

3
```
    7 6 9
+     8 8
  8 5 7
```

4
```
    5 0 6
+     9 9
  6 0 5
```

5
```
    6 8 3
+     5 7
  7 4 0
```

6
```
    3 5 9
+     7 6
  4 3 5
```

7
```
    4 5 7
+     9 4
  5 5 1
```

8
```
    7 6 8
+     8 7
  8 5 5
```

9
```
    6 4 9
+     5 8
  7 0 7
```

10
```
    6 2 9
+     9 4
  7 2 3
```

11
```
    7 5 7
+     9 8
  8 5 5
```

12
```
    5 9 4
+     6 8
  6 6 2
```

13
```
    7 3 9
+     7 3
  8 1 2
```

14
```
    4 8 5
+     5 9
  5 4 4
```

15
```
    3 9 6
+     7 8
  4 7 4
```

□ 안에 알맞은 수를 써넣으세요. (16 ~ 30)

16
```
    2 3 3
-     5 7
  1 7 6
```

17
```
    3 2 4
-     6 9
  2 5 5
```

18
```
    4 2 5
-     8 8
  3 3 7
```

19
```
    4 5 1
-     7 3
  3 7 8
```

20
```
    6 4 6
-     6 9
  5 7 7
```

21
```
    5 3 4
-     8 8
  4 4 6
```

22
```
    9 3 2
-     5 6
  8 7 6
```

23
```
    8 1 4
-     3 7
  7 7 7
```

24
```
    7 2 5
-     5 9
  6 6 6
```

25
```
    8 6 2
-     7 3
  7 8 9
```

26
```
    4 4 3
-     8 5
  3 5 8
```

27
```
    6 3 1
-     6 7
  5 6 4
```

28
```
    3 3 5
-     3 6
  2 9 9
```

29
```
    5 2 2
-     5 4
  4 6 8
```

30
```
    4 4 4
-     7 8
  3 6 6
```

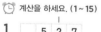

확인 평가

걸린 시간	1~15분	15~20분	20~25분
맞은 개수	45~50개	35~44개	1~34개
평가	참 잘했어요.	잘했어요.	좀더 노력해요.

계산을 하세요. (1 ~ 15)

1
```
    1
    5 2 7
+     3 8
  5 6 5
```

2
```
    1
    4 8 3
+     9 5
  5 7 8
```

3
```
    1 1
    3 6 7
+     3 3
  4 0 0
```

4
```
    1 1
    4 6 8
+     7 5
  5 4 3
```

5
```
    1
    5 7 4
+     8 7
  6 6 1
```

6
```
    6 5 9
+     9 6
  7 5 5
```

7
```
    4 10
    4 5 8
-     3 9
  4 1 9
```

8
```
    4 10
    5 4 6
-     7 3
  4 7 3
```

9
```
    3 17 10
    4 8 0
-     9 4
  3 8 6
```

10
```
    15 10
    1 6 4
-     7 9
    8 5
```

11
```
    1 13 10
    2 4 5
-     7 6
  1 6 9
```

12
```
    2 17 10
    3 8 6
-     9 9
  2 8 7
```

13
```
    3 11 10
    4 2 7
-     6 8
  3 5 9
```

14
```
    4 12 10
    5 3 2
-     8 6
  4 4 6
```

15
```
    5 11 10
    6 2 4
-     7 8
  5 4 6
```

계산을 하세요. (16 ~ 31)

16
```
1
2 4 7 + 3 7 = 2 8 4
```

17
```
1
4 2 7 + 5 8 = 4 8 5
```

18
```
1
3 7 6 + 5 3 = 4 2 9
```

19
```
1
5 5 5 + 8 2 = 6 3 7
```

20
```
1 1
4 6 9 + 5 4 = 5 2 3
```

21
```
1 1
6 7 4 + 6 8 = 7 4 2
```

22
```
1 1
5 9 3 + 1 9 = 6 1 2
```

23
```
1 1
7 5 7 + 8 3 = 8 4 0
```

24
```
6 10
4 7 3 - 5 7 = 4 1 6
```

25
```
4 10
5 8 5 - 9 2 = 4 9 3
```

26
```
3 12 10
4 3 0 - 4 6 = 3 8 4
```

27
```
2 13 10
3 4 0 - 8 7 = 2 5 3
```

28
```
2 13 10
3 4 6 - 7 8 = 2 6 8
```

29
```
3 10 10
4 1 5 - 7 7 = 3 3 8
```

30
```
4 12 10
5 3 1 - 6 5 = 4 6 6
```

31
```
5 12 10
6 3 3 - 8 4 = 5 4 9
```

 확인 평가

🕐 계산을 하세요. (32 ~ 50)

32	266 +　63 329	33	318 +　55 373	34	430 +　74 504
35	486 −　19 467	36	528 −　46 482	37	440 −　91 349
38	273 −　85 188	39	416 −　27 389	40	335 −　58 277

41　218+35= 253　　　　42　450+77= 527

43　388+63= 451　　　　44　597+25= 622

45　287−59= 228　　　　46　428−56= 372

47　320−78= 242　　　　48　510−19= 491

49　136−49= 87　　　　50　357−58= 299

크라운 온라인 평가 응시 방법

에듀왕닷컴 접속 www.eduwang.com
⬇
메인 상단 메뉴에서 단원평가 클릭
⬇
단계 및 단원 선택
⬇
온라인 단원평가 실시(30분 동안 평가 실시)
⬇
크라운 확인

각 단원평가를 통해 100점을 받으시면 크라운 1개를 드리며, 획득하신 크라운으로 에듀왕 닷컴에서 판매하고 있는 교재 및 서비스를 무료로 구매하실 수 있습니다.

(크라운 1개 – 1000원)

① 세 수의 덧셈(1)

학습 날짜
월 일

✿ 243+64+37의 계산

(1) 세 수의 덧셈은 두 수를 먼저 더한 다음 남은 한 수를 더합니다.
(2) 일의 자리 수끼리의 합이 10이 되는 두 수를 먼저 더하면 편리합니다.

방법 ①
243 + 64 + 37
  └─①─┘
   307
  └────②────┘
      344

방법 ②
243 + 64 + 37
      └──①──┘
       101
└─────②─────┘
      344

방법 ③
243 + 64 + 37
└──①──┘
  280
└─────②─────┘
      344

⏰ □ 안에 알맞은 수를 써넣으세요. (1~4)

1 326+47+65 = 438
373
438

2 448+35+47 = 530
82
530

3 573+65+49 = 687
638
687

4 284+57+45 = 386
102
386

⏰ □ 안에 알맞은 수를 써넣으세요. (5~12)

계산은 빠르고 정확하게!

걸린 시간	1~6분	6~9분	9~12분
맞은 개수	11~12개	8~10개	1~7개
평가	참 잘했어요.	잘했어요.	좀더 노력해요.

5 462+64+28 = 554
490
554

6 576+37+43 = 656
80
656

7 294+38+66 = 398
360
398

8 629+38+22 = 689
60
689

9 383+68+57 = 508
440
508

10 726+48+32 = 806
80
806

11 571+64+39 = 674
610
674

12 458+47+43 = 548
90
548

---

① 세 수의 덧셈(2)

학습 날짜
월 일

⏰ □ 안에 알맞은 수를 써넣으세요. (1~5)

1 347+24+56 ➡ 347+24+56
371 + 56 = 427   347 + 80 = 427

2 438+23+77 ➡ 438+23+77
461 + 77 = 538   438 + 100 = 538

3 569+42+48 ➡ 569+42+48
611 + 48 = 659   569 + 90 = 659

4 654+29+31 ➡ 654+29+31
683 + 31 = 714   654 + 60 = 714

5 293+36+44 ➡ 293+36+44
329 + 44 = 373   293 + 80 = 373

⏰ □ 안에 알맞은 수를 써넣으세요. (6~10)

6 326+25+64 ➡ 326+25+64
351 + 64 = 415   390 + 25 = 415

7 443+39+47 ➡ 443+39+47
482 + 47 = 529   490 + 39 = 529

8 572+49+38 ➡ 572+49+38
621 + 38 = 659   610 + 49 = 659

9 685+57+35 ➡ 685+57+35
742 + 35 = 777   720 + 57 = 777

10 779+68+21 ➡ 779+68+21
847 + 21 = 868   800 + 68 = 868

정답

1 세 수의 덧셈(3)

계산은 빠르고 정확하게!

걸린 시간	1~12분	12~18분	18~24분
맞은 개수	22~24개	17~21개	1~16개
평가	참 잘했어요.	잘했어요.	좀더 노력해요.

계산을 하세요. (1~12)

1 437+52+34= 523

2 542+39+46= 627

3 453+64+29= 546

4 634+58+27= 719

5 574+47+28= 649

6 376+46+28= 450

7 653+39+48= 740

8 478+53+38= 569

9 747+64+27= 838

10 523+48+36= 607

11 295+27+46= 368

12 334+48+48= 430

계산을 하세요. (13~24)

13 426+37+44= 507

14 354+28+62= 444

15 296+25+34= 355

16 547+29+71= 647

17 382+59+68= 509

18 648+35+25= 708

19 579+36+61= 676

20 443+34+56= 533

21 724+56+23= 803

22 478+35+42= 555

23 645+37+43= 725

24 538+44+52= 634

2 세 수의 뺄셈(1)

계산은 빠르고 정확하게!

걸린 시간	1~6분	6~9분	9~12분
맞은 개수	11~12개	8~10개	1~7개
평가	참 잘했어요.	잘했어요.	좀더 노력해요.

★ 342-57-25의 계산

(1) 세 수의 뺄셈은 앞에서부터 두 수씩 차례로 계산합니다.

(2) 순서를 바꾸면 결과가 달라집니다.

342 - 57 - 25 = 260 (○)　　342 - 57 - 25 = 310 (×)
　　 285　　　　　　　　　　　　　　 32
　　　　　260　　　　　　　　　　　　　310

(3) 빼고 빼는 수를 더한 후 한 번에 뺄 수도 있습니다.

342-57-25 ➡ 342-(57+25)

285-25=260　　　342-82=260

□ 안에 알맞은 수를 써넣으세요. (1~4)

1 429-56-67= 306
　　373
　　　306

2 347-64-56= 227
　　283
　　　227

3 585-57-49= 479
　　528
　　　479

4 673-38-94= 541
　　635
　　　541

□ 안에 알맞은 수를 써넣으세요. (5~12)

5 548-63-29= 456
　　485
　　　456

6 639-57-36= 546
　　582
　　　546

7 427-19-55= 353
　　408
　　　353

8 584-46-27= 511
　　538
　　　511

9 376-58-34= 284
　　318
　　　284

10 283-65-26= 192
　　218
　　　192

11 654-65-28= 561
　　589
　　　561

12 731-47-25= 659
　　684
　　　659

세 수의 뺄셈(2)

공부한 날짜 월 일

 계산은 빠르고 정확하게!

걸린 시간	1~8분	8~12분	12~16분
맞은 개수	14~15개	11~13개	1~10개
평가	참 잘했어요.	잘했어요.	좀더 노력해요.

⏰ □ 안에 알맞은 수를 써넣으세요. (1~10)

1 548 − 54 − 49

494 − 49 = 445

2 627 − 42 − 37

585 − 37 = 548

3 333 − 72 − 44

261 − 44 = 217

4 458 − 63 − 47

395 − 47 = 348

5 576 − 39 − 53

537 − 53 = 484

6 666 − 48 − 64

618 − 64 = 554

7 444 − 27 − 75

417 − 75 = 342

8 354 − 38 − 65

316 − 65 = 251

9 432 − 68 − 49

364 − 49 = 315

10 346 − 57 − 34

289 − 34 = 255

⏰ □ 안에 알맞은 수를 써넣으세요. (11~15)

11 436 − 52 − 38

384 − 38 = 346

➡ 436 − (52 + 38)

436 − 90 = 346

12 357 − 48 − 22

309 − 22 = 287

➡ 357 − (48 + 22)

357 − 70 = 287

13 528 − 39 − 41

489 − 41 = 448

➡ 528 − (39 + 41)

528 − 80 = 448

14 615 − 47 − 13

568 − 13 = 555

➡ 615 − (47 + 13)

615 − 60 = 555

15 763 − 57 − 43

706 − 43 = 663

➡ 763 − (57 + 43)

763 − 100 = 663

 세 수의 뺄셈(3)

공부한 날짜 월 일

계산은 빠르고 정확하게!

걸린 시간	1~10분	10~15분	15~20분
맞은 개수	18~20개	14~17개	1~13개
평가	참 잘했어요.	잘했어요.	좀더 노력해요.

⏰ 빈 곳에 알맞은 수를 써넣으세요. (1~10)

1 354 ─(−29)(−64)→ 261

2 472 ─(−34)(−76)→ 362

3 536 ─(−72)(−47)→ 417

4 618 ─(−53)(−48)→ 517

5 247 ─(−63)(−58)→ 126

6 363 ─(−35)(−44)→ 284

7 425 ─(−69)(−57)→ 299

8 554 ─(−66)(−37)→ 451

9 326 ─(−59)(−64)→ 203

10 635 ─(−46)(−55)→ 534

⏰ 빈 곳에 알맞은 수를 써넣으세요. (11~20)

11 259 ─(−68)(−34)→ 157

12 367 ─(−85)(−44)→ 238

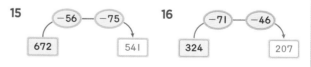
13 429 ─(−45)(−37)→ 347

14 563 ─(−46)(−54)→ 463

15 672 ─(−56)(−75)→ 541

16 324 ─(−71)(−46)→ 207

17 437 ─(−49)(−73)→ 315

18 545 ─(−76)(−87)→ 382

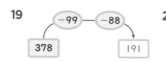
19 378 ─(−99)(−88)→ 191

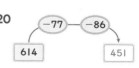
20 614 ─(−77)(−86)→ 451

3 세 수의 덧셈과 뺄셈(1)

학습 날짜
월 일

• 덧셈과 뺄셈이 섞여 있는 세 수의 계산은 앞에서부터 두 수씩 차례대로 계산합니다.

$$427 + 53 - 38 = 442$$
① 480
② 442

$$384 - 46 + 27 = 365$$
① 338
② 365

계산은 빠르고 정확하게!

걸린 시간	1~8분	8~12분	12~16분
맞은 개수	13~14개	10~12개	1~9개
평가	참 잘했어요.	잘했어요.	좀더 노력해요.

□ 안에 알맞은 수를 써넣으세요. (1~6)

1 $243 + 95 - 77 = \boxed{261}$
338
261

2 $454 - 36 + 53 = \boxed{471}$
418
471

3 $382 + 46 - 65 = \boxed{363}$
428
363

4 $546 - 39 + 45 = \boxed{552}$
507
552

5 $453 + 69 - 38 = \boxed{484}$
522
484

6 $624 - 72 + 39 = \boxed{591}$
552
591

□ 안에 알맞은 수를 써넣으세요. (7~14)

7 $254 + 39 - 56 = \boxed{237}$
293
237

8 $364 - 36 + 88 = \boxed{416}$
328
416

9 $365 + 26 - 38 = \boxed{353}$
391
353

10 $447 - 39 + 86 = \boxed{494}$
408
494

11 $454 + 38 - 43 = \boxed{449}$
492
449

12 $595 - 47 + 89 = \boxed{637}$
548
637

13 $646 + 38 - 92 = \boxed{592}$
684
592

14 $677 - 89 + 65 = \boxed{653}$
588
653

3 세 수의 덧셈과 뺄셈(2)

학습 날짜
월 일

계산은 빠르고 정확하게!

걸린 시간	1~12분	12~18분	18~24분
맞은 개수	20~24개	16~19개	1~15개
평가	참 잘했어요.	잘했어요.	좀더 노력해요.

계산을 하세요. (1~12)

1 $415 + 38 - 26 = \boxed{427}$

2 $349 + 38 - 92 = \boxed{295}$

3 $371 - 34 + 53 = \boxed{390}$

4 $452 - 27 + 79 = \boxed{504}$

5 $534 + 92 - 88 = \boxed{538}$

6 $457 + 63 - 72 = \boxed{448}$

7 $343 - 55 + 69 = \boxed{357}$

8 $536 - 29 + 68 = \boxed{575}$

9 $653 + 64 - 78 = \boxed{639}$

10 $718 + 94 - 45 = \boxed{767}$

11 $567 - 76 + 89 = \boxed{580}$

12 $618 - 54 + 76 = \boxed{640}$

계산을 하세요. (13~24)

13 $539 + 28 - 75 = \boxed{492}$

14 $457 + 34 - 63 = \boxed{428}$

15 $352 - 47 + 38 = \boxed{343}$

16 $577 - 83 + 29 = \boxed{523}$

17 $629 + 56 - 46 = \boxed{639}$

18 $789 + 36 - 58 = \boxed{767}$

19 $425 - 37 + 55 = \boxed{443}$

20 $583 - 57 + 46 = \boxed{572}$

21 $747 + 57 - 68 = \boxed{736}$

22 $839 + 27 - 74 = \boxed{792}$

23 $854 - 66 + 77 = \boxed{865}$

24 $326 - 57 + 84 = \boxed{353}$

3 세 수의 덧셈과 뺄셈(3)

학습 날짜 월 일

계산은 빠르고 정확하게!

걸린 시간	1~10분	10~15분	15~20분
맞은 개수	18~20개	14~17개	1~13개
평가	참 잘했어요.	잘했어요.	좀더 노력해요.

⏰ 빈 곳에 알맞은 수를 써넣으세요. (1~10)

1 245 →(+37)→(−54)→ 228

2 354 →(+73)→(−82)→ 345

3 372 →(+28)→(−37)→ 363

4 434 →(+39)→(−56)→ 417

5 465 →(+48)→(−67)→ 446

6 548 →(+64)→(−46)→ 566

7 532 →(+49)→(−64)→ 517

8 618 →(+43)→(−74)→ 587

9 654 →(+68)→(−89)→ 633

10 825 →(+84)→(−34)→ 875

⏰ 빈 곳에 알맞은 수를 써넣으세요. (11~20)

11 278 →(−87)→(+42)→ 233

12 434 →(−52)→(+49)→ 431

13 348 →(−64)→(+39)→ 323

14 512 →(−41)→(+85)→ 556

15 457 →(−29)→(+94)→ 522

16 673 →(−58)→(+87)→ 702

17 563 →(−77)→(+58)→ 544

18 735 →(−48)→(+66)→ 753

19 624 →(−35)→(+64)→ 653

20 888 →(−99)→(+55)→ 844

---

4 신기한 연산

학습 날짜 월 일

계산은 빠르고 정확하게!

걸린 시간	1~10분	10~15분	15~20분
맞은 개수	12~13개	8~11개	1~7개
평가	참 잘했어요.	잘했어요.	좀더 노력해요.

⏰ □ 안에 알맞은 수를 써넣으세요. (1~7)

1 $327+58+36=320+50+30+7+8+6$
   $=\boxed{400}+\boxed{21}=\boxed{421}$

2 $445+32+37=440+30+30+5+2+7$
   $=\boxed{500}+\boxed{14}=\boxed{514}$

3 $464+58+38=460+50+30+\boxed{4}+\boxed{8}+\boxed{8}$
   $=\boxed{540}+\boxed{20}=\boxed{560}$

4 $516+83+75=510+80+70+\boxed{6}+\boxed{3}+\boxed{5}$
   $=\boxed{660}+\boxed{14}=\boxed{674}$

5 $484+53+68=\boxed{480}+\boxed{50}+\boxed{60}+\boxed{4}+\boxed{3}+\boxed{8}$
   $=\boxed{590}+\boxed{15}=\boxed{605}$

6 $392+54+67=\boxed{390}+\boxed{50}+\boxed{60}+\boxed{2}+\boxed{4}+\boxed{7}$
   $=\boxed{500}+\boxed{13}=\boxed{513}$

7 $553+38+49=\boxed{550}+\boxed{30}+\boxed{40}+\boxed{3}+\boxed{8}+\boxed{9}$
   $=\boxed{620}+\boxed{20}=\boxed{640}$

⏰ 보기 와 같이 계산하세요. (8~13)

보기

$516-67-59$
$=516-70-60+3+1$
$=386+4$
$=390$

8 $374-27-38$
   $=374-30-40+3+2$
   $=\boxed{304}+\boxed{5}$
   $=\boxed{309}$

9 $647-39-55$
   $=647-40-60+\boxed{1}+\boxed{5}$
   $=\boxed{547}+\boxed{6}$
   $=\boxed{553}$

10 $424-69-56$
   $=424-70-60+1+4$
   $=\boxed{294}+\boxed{5}$
   $=\boxed{299}$

11 $576-48-57$
   $=576-50-60+2+3$
   $=\boxed{466}+\boxed{5}$
   $=\boxed{471}$

12 $348-29-47$
   $=348-30-50+\boxed{1}+\boxed{3}$
   $=\boxed{268}+\boxed{4}$
   $=\boxed{272}$

13 $354-37-49$
   $=354-40-50+\boxed{3}+\boxed{1}$
   $=\boxed{264}+\boxed{4}$
   $=\boxed{268}$

 **정답**

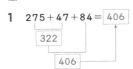 **확인 평가**

걸린 시간	1~15분	15~20분	20~25분
맞은 개수	27~30개	21~26개	1~20개
평가	참 잘했어요.	잘했어요.	좀더 노력해요.

□ 안에 알맞은 수를 써넣으세요. (1~10)

1 275＋47＋84＝ 406
322
406

2 328＋46＋54＝ 428
100
428

3 454＋66＋97＝ 617
520
617

4 526＋87＋54＝ 667
580
667

5 667＋29＋57＝ 753

6 483＋42＋88＝ 613

7 372＋46＋38＝ 456

8 357＋64＋43＝ 464

9 529＋68＋45＝ 642

10 748＋77＋66＝ 891

□ 안에 알맞은 수를 써넣으세요. (11~20)

11 423－51－39＝ 333
372
333

12 384－47－53＝ 284
337
284

13 546－67－44＝ 435
479
435

14 665－59－37＝ 569
606
569

15 636 － 52 － 48　➡
584 － 48 ＝ 536

16 636 － (52 ＋ 48)
636 － 100 ＝ 536

17 445－56－84＝ 305

18 572－45－35＝ 492

19 345－58－32＝ 255

20 637－54－66＝ 517

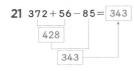 **확인 평가**

□ 안에 알맞은 수를 써넣으세요. (21~30)

21 372＋56－85＝ 343
428
343

22 474－57＋92＝ 509
417
509

23 535＋49－58＝ 526
584
526

24 653－67＋38＝ 624
586
624

25 258＋34－66＝ 226

26 384－59＋92＝ 417

27 475＋43－62＝ 456

28 563－47＋75＝ 591

29 324＋82－37＝ 369

30 443－67＋58＝ 434

크라운 온라인 평가 응시 방법

에듀왕닷컴 접속 www.eduwang.com

메인 상단 메뉴에서 단원평가 클릭

단계 및 단원 선택

온라인 단원평가 실시(30분 동안 평가 실시)

크라운 확인

각 단원평가를 통해 100점을 받으시면 크라운 1개를 드리며, 획득하신 크라운으로 에듀왕 닷컴에서 판매하고 있는 교재 및 서비스를 무료로 구매하실 수 있습니다.

(크라운 1개 – 1000원)

초등 수학의 기본은 연산력!!

신기한
연산왕

B-3 초2 수준 정답